TRAITÉ

DE

CULTURE

à l'usage des

Jardins Ouvriers d'Abbeville

Par Georges SPRÉCHER

Ancien Élève de l'École Nationale d'Horticulture de Versailles
Professeur de la Société d'Horticulture
de l'Arrondissement d'Abbeville

ABBEVILLE
Imprimerie Moderne — Henri DUCLERCQ
24, Rue Boucher-de-Perthes
1904

TRAITÉ DE CULTURE

A L'USAGE DES

Jardins Ovriers d'Abbeville

TRAITÉ

DE

CULTURE

A l'usage des

Jardins Ouvriers d'Abbeville

PAR

Georges SPRÉCHER

Ancien Élève de l'École Nationale d'Horticulture de Versailles
Professeur de la Société d'Horticulture
de l'Arrondissement d'Abbeville

ABBEVILLE
IMPRIMERIE MODERNE — HENRI DUCLERCQ
24, Rue Boucher-de-Perthes, 24

1904

PRÉFACE

A Madame Alfred Cendré, la généreuse bienfaitrice de l'Œuvre des Jardins Ouvriers d'Abbeville, je dédie ce petit Traité de Culture, qui aidera l'ouvrier à se guider dans l'art de cultiver lui-même le jardin que lui offre cette âme généreuse.

Ce petit Traité s'adresse tout particulièrement aux ouvriers qui n'ont aucune notion de culture, aussi, mon but a-t-il été de le rendre tout à fait élémentaire et précis.

Je remercie mes amis, MM. Cayeux et Leclerc, horticulteurs-grainiers, à Paris, d'avoir bien voulu me prêter leur bienveillant concours en m'offrant, pour cette brochure, les magnifiques clichés des légumes les plus recommandables pour ce genre de culture. Leur calendrier horticole, joint à mes travaux, sera encore un parfait aide-mémoire et un guide sûr pour les époques de semis à faire en toutes saisons.

Si, comme je l'espère et le souhaite de tout cœur, ce petit travail peut rendre quelques services aux classes laborieuses ouvrières, je serai très heureux d'avoir consacré quelques moments à cette œuvre essentiellement utile entre toutes.

Je remercie aussi le Conseil d'Aministration de la Société d'Horticulture qui a bien voulu me donner l'autorisation de faire et de publier ce petit travail.

A L'OUVRIER

Le jardin ouvrier devra en tout temps être pourvu de légumes indispensables à l'alimentation de la famille.

Il ne faut pas croire qu'un jardin doit, en saison d'hiver, être complètement nu de cultures.

L'ouvrier s'attachera donc, d'une façon constante, à porter ses efforts sur l'application du calendrier horticole de ce Traité. C'est à la saison d'hiver, époque des grosses dépenses d'éclairage et de chauffage, époque parfois pénible en raison du chômage, que l'ouvrier a le plus besoin de soulagements financiers, eh bien, c'est son jardin bien entretenu et bien planté qui viendra le secourir et l'aider à traverser cette pénible passe de l'année ; et si la viande manque parfois à sa table, il aura toujours, grâce aux produits de sa culture, la ressource de pouvoir consommer et alimenter les siens à l'aide des légumes, toujours d'un prix trop élevé pour sa bourse pendant les grands froids.

Si ce jardin a été bien soigné pendant la période d'été, il aura une ample provision de pommes de terre, de carottes, de haricots secs, de navets, de poireaux, d'oignons, d'épinards, de mâches etc., etc., qui constitueront une ressource appréciable.

Le noble but de l'OEuvre des Jardins Ouvriers est donc celui-là, et si, à l'aide de ce petit opuscule, les intéressés peuvent améliorer leur sort et celui de leur famille, ils pourront témoigner leurs sentiments de reconnaissance à ceux qui, comme Madame Cendré et les Sociétés d'Horticulture, se dévouent à leurs intérêts en les encourageant par leur généreux appui financier et moral.

G. SPRÉCHER.

Abbeville, 1ᵉʳ Septembre 1904.

TRAITÉ DE CULTURE
A l'usage des Jardins Ouvriers d'Abbeville

CHAPITRE PREMIER

Nature du sol des Jardins à Abbeville

Les jardins d'ouvriers à Abbevile étant situés dans deux sols de nature différente, il faudra donc tenir compte de cette différence pour obtenir de bons résultats. La première catégorie, située au Marais de Saint-Gilles, est un sol tourbeux, analogue à celui de nos maraîchers abbevillois cultivant dans les faubourgs de Saint-Gilles et des Planches.

Ces terrains sont excellents pour la culture maraîchère et comme cette culture est celle à laquelle doit se consacrer l'ouvrier, c'est plus particulièrement de cette spécialité que je traiterai dans cet ouvrage.

Les sols noirs s'échauffent très rapidement au printemps, ce qui explique facilement leur hâtivité, les intéressés de cette catégorie seront toujours plus avantagés que ceux dont les jardins sont situés dans un autre genre de sol, comme celui situé sur la route d'Ailly-le-Haut-Clocher, dont la nature est sèche et argilo-sablonneuse.

Les premiers, dans les années sèches, auront une production plus abondante, mais les produits seront toujours de valeur moindre au point de vue de la finesse.

Amendements — Engrais

Dans les sols du marais, les fumures devront se faire à l'aide de fumiers chauds et riches en azote, c'est-à-dire fumiers de cheval, d'âne ou de mouton. Les fumiers de vache et de porc seront réservés pour les sols argilo-calcaires. Les Comités d'organisation et de direction tiendront donc compte de cette différence dans la distribution des engrais.

Les ouvriers, possesseurs de chèvres ou de lapins, devront mettre soigneusement de côté les fumiers provenant de leurs petites étables. Le crottin et les bouses de vaches ramassés sur les routes, mélangés aux feuilles à l'automne, font aussi d'excellentes compositions, pouvant servir aux fumures du sol. Les matières fécales provenant des habitations, pourront être recueillies dans des bacs et portées sur le terrain ; ces matières sont trop souvent abandonnées et sont cependant, avec l'urine, les meilleures et les plus économiques à réserver à cette culture.

Pour éviter les odeurs qui s'en dégagent, rien ne sera plus simple que de creuser à l'extrémité de chaque jardin une petite fosse de 30 à 40 centimètres de profondeur, sur un mètre de longueur et 1 m. 20 de largeur, destinée à les recevoir, et on aura soin de recouvrir le tout avec de la terre prise dans le jardin. Au moment de l'employer comme fumure, la terre aura absorbé les parties liquides et la manipulation en sera plus facile pour l'épandage et l'enfouissement. Le fumier, le crottin et autres matières, détritus de ménages, eaux grasses, eaux de toilettes, pourront aussi être mêlés, pendant la période de repos de la végétation, à ces matières fécales, et c'est alors que l'ouvrier disposera pour ses labours d'hiver et de printemps d'une excellente réserve de bons engrais, ne coûtant que la peine de les ramasser et de les employer.

En un mot, le rôle des amendements et des fumures est de changer la nature d'un sol en rendant ceux compacts, froids et lourds plus chauds, plus légers et plus faciles à façonner ; ceux trop légers, trop sableux, deviendront plus gras, plus productifs et moins sujets aux atteintes de la sécheresse.

Le fumier, et toutes les matières décrites ci-dessus, devront être enterrées immédiatement après leur épandage sur le sol, et, si on ne dispose que de quelques heures, il sera toujours sage de n'en épandre qu'autant qu'on pourra en enterrer. Les fumiers étalés laissés sur le terrain, perdent une grande quantité de leur valeur, par l'évaporation des éléments qui les composent.

Labours

Les labours ont une importance capitale dans la réussite de toutes les cultures. Dans nos deux genres de sols, la bêche sera l'instrument préféré pour leur exécution. Pour cela, on commence le travail en ouvrant une tranchée dénommée *jauge*, large de deux bons fers de

bêche et d'une longueur indéterminée, —
ordinairement, pour faire un travail régulier, on
compte trois mètres au maximum pour un
travailleur — la terre de la tranchée sera
portée à l'extrémité du terrain à labourer si on
prend toute la largeur du terrain, mais, si on le
divise en deux parties, la terre de la jauge sera
placée à côté de l'ouverture, endroit où devra
se terminer le travail ; ensuite on prend la
terre par bêchée que l'on renverse en la
divisant et en la réduisant à l'aide du tranchant
de l'instrument, de façon que la terre du fond
soit intimement mêlée à celle de la surface.
Les pierres ou autres corps étrangers au sol,
devront être soigneusement ramassés et pourront alors servir à garnir les chemins ou les
allées de chaque jardin.

Les mauvaises herbes à racines vivaces,
pouvant renaître lorsqu'elles sont enfouies dans
le sol (le chiendent et le liseron), devront être
éliminés et brûlés à la fin du travail. Si on se
sert de fumier dans le labour, il devra être
répandu également sur le sol, et au fur et à
mesure du labour, il sera placé avec la bêche
dans le fond de la jauge, cela par petites
quantités et régulièrement autant que possible.

Quant à la profondeur du labour, elle variera
selon la nature du terrain et le genre de plante
à cultiver. Dans les sols légers, 20 à 25 centimètres suffiront, et dans les terres fortes, on
pourra aller jusqu'à 30 et même 35 centimètres.
Pour les cultures de plantes à racines fibreuses
et traçantes, laitues, choux, chicorées, scaroles,
etc., un labour peu profond, le contraire pour
les plantes à racines pivotantes et longues,
carottes, salsifis, navets, etc..

Binages — Sarclages

Ces deux opérations sont les compléments
des labours et ont aussi une certaine importance. Elles ont pour but d'éloigner les
mauvaises plantes qui vivent toujours au
détriment des plantes cultivées en absorbant
une partie des engrais, une culture garnie
d'herbes est toujours désagréable à l'œil et
dénote le peu de goût du jardinier. Les binages
aèrent le sol en cassant la croûte formée à sa
surface, ils facilitent les arrosages et les eaux
de pluie pénètrent plus aisément aux racines
des végétaux. Les binages se font à l'aide de la
binette ; les sarclages, à l'aide de la main.
Lorsqu'on procède à ces travaux, on profite de
cette main-d'œuvre pour éclaircir les plants
trop serrés, c'est ce qu'on appelle l'*éclaircie des
plants*.

Distribution du Jardin ouvrier

Assolements

Puisque chacun des intéressés dispose généralement d'un terrain de 400 mètres, de forme presque toujours rectangulaire ou s'en rapprochant, tous les jardins pourront avantageusement être distribués de la même manière. Ici, il faut avant tout être économe du sol de son jardin, de façon à en tirer le plus grand produit possible, il faudra donc éviter les pertes de terrain par une distribution fantaisiste, en multipliant les allées inutiles.

Je trouve qu'en divisant le jardin en deux parties bien distinctes, en traçant au milieu une simple allée de 90 centimètres à un mètre de largeur ce sera suffisant pour permettre la circulation. On pourrait à la rigueur diviser encore chacune des deux parties ainsi obtenues en deux autres carrés égaux, on aurait ainsi quatre carrés de 100 mètres chacun. Et je préconiserais cette distribution en ce sens que l'assolement ou roulement des cultures serait plus facile.

Chacun de ces carrés ainsi obtenus devra alors être borduré à l'aide de plantes, telles la chicorée sauvage, l'oseille, les fraisiers. La première fournira une excellente alimentation

Tableau d'Assolement du Jardin Ouvrier, divisé en 4 carrés de 100 mètres carrés chacun.

PREMIÈRE ANNÉE DE CULTURE

Carré A

Pommes de terre saucisse
(Carré entier)

Repos après arrachage jusqu'en Mars suivant.

Carré B

1° Pommes de terre
Marjolaine . . . .   30 m. c.
2° Pommes de terre
Royale Kidney. . . .   70 m. c.
Derrière le n° 1, plantation en Juin, des choux d'hiver, poireaux d'hiver, céleris et céleris raves.
Une planche carottes tardives pour hiver.
Derrière le n° 2, plantation en Juillet des choux de Bruxelles, choux-raves, scaroles et chicorées, navets et radis d'hiver, mâches.

Carré C

Le carré entier semé en haricots
1° 30 m. haricots à rames Soissons;
2° 20 m. haricots nains. Noir de de Belgique ;
3° 50 m. haricots nains. Flageolet d'Étampes.
(Récolte en grains secs en fin Août)

Repos après récolte et arrachage des pieds en Août et Septembre, jusqu'au printemps suivant,

Carré D
Petites Cultures

1° 10 à 15 artichauts
en ligne . . . .   10 m. c.
2° Une pl. carottes   10 —
3° Une pl. d'oignons
y comp. ail, échal.   10 —
4° 3 lignes de choux
de printemps . . . .   15 —
5° 1/2 planche laitue,
1/2 choix d'été. . .   10 —
6° Une planche salsifis   10 —
7° Pois divers . . . . . .   30 —
8° Betteraves, 2 rangs   5 —

Sur planche d'oignons on sèmera et on repiquera après récolte les plants de choux et laitue pour le printemps. Après les choux de printemps, on plantera une planche de poireaux à consommer l'été ; après pois, planter scaroles ou chicorées frisées.

Tableau d'Assolement du Jardin Ouvrier

DEUXIÈME ANNÉE

Carré A	Carré B
Ce carré devra recevoir les cultures du carré D de l'année précédente.	Ce carré devra recevoir les cultures du carré C de l'année précédente.
Carré C	**Carré D**
Cultures du carré B.	Cultures du carré A.

La troisième année on reviendra aux cultures de la première période ; la quatrième année on reprendra les cultures de la deuxième année.

d'été aux lapins, et, en hiver, on pourra en obtenir une excellente salade blanche. L'oseille ainsi cultivée retient bien le sol, dessine parfaitement un potager et produit un feuillage excellent à consommer cuit et pour confectionner d'excellents potages.

On pourra aussi bordurer ces carrés, ou une partie, à l'aide de fraisiers à gros fruits qui permettront à l'ouvrier de consommer cet excellent fruit sans, pour cela, diminuer la surface de son jardin.

Les intéressés pourront, dans tous les cas, se séparer de leur voisin à l'aide d'une ligne de groseillers à fruits rouges, plantés à 1 m. 50 d'intervalles.

Cet arbrisseau pousse partout et donne des fruits permettant à la ménagère de faire de très bonnes confitures qui constituent une excellente réserve pour les enfants en saison d'hiver. Avec la diminution du prix du sucre, l'ouvrier peut dès maintenant faire des confitures à un prix abordable, qui ne grève pas trop son budget.

A droite et à gauche de l'entrée du jardin, une petite plate-bande de quelques mètres, pourra aussi être réservée, pour la culture de quelques fleurs, qui donneront ainsi au jardin une note de gaieté sans annuler une trop grande partie du sol à cultiver.

Nous reviendrons sur cette petite spécialité à la fin de ce Traité.

Ainsi distribué, le jardin ouvrier sera d'aspect agréable et facile à travailler. Il ne restera plus qu'à bien suivre chaque année les lois de l'assolement, lois très capitales pour réussir.

On appelle *Assolement* le roulement alternatif des cultures.

La théorie des assolements repose sur ce fait fondamental : que les plantes ne donnent que de faibles résultats, parfois nuls, sur un sol qui vient de les porter l'année précédente. Ainsi, il serait imprudent de renouveler pendant plusieurs années de suite la culture d'une même plante dans la même partie du jardin.

Selon le nombre des consommateurs qui composent une famille, il faudra réglementer ou ordonner ses cultures. Par exemple, la pomme de terre, qui est la principale ressource des ménages ouvriers, devra donc tenir une place très large dans les jardins. Les trois quarts du terrain, pour les familles nombreuses, et toujours la moitié pour celles composées de trois ou quatre personnes. En ayant divisé le terrain en quatre parts, il sera toujours facile d'alterner par carrés successifs la culture de cette plante.

Pour les familles nombreuses, les trois quarts du terrain étant employés en culture de pommes de terre, il ne restera donc que 100 mètres carrés pour la culture des petits légumes, cette quantité minime de terrain leur permettra encore de récolter pour l'hiver, les carottes, navets, oignons, poireaux, nécessaires à l'alimentation. Celles moins peuplées pourront alors se livrer à des petites cultures variées.

Le terrain de chaque carré non cultivé en pommes de terre, sera distribué par planches pour les petits légumes, carottes, oignons, — nous verrons les quantités à semer pour chacun d'eux à l'article *Variété*.

Le sol ayant été fumé, labouré, sera quelques jours après, hersé et divisé à l'aide de la fourche et du râteau. Les planches devront avoir une largeur de 1 m. 30 à 1 m. 35, séparées entre elles par de petits sentiers de 30 centimètres de largeur, pour permettre les façons, binages, sarclages, éclaircies, arrosages. Ces planches seront tracées à l'aide d'un cordeau ou ficelle pour obtenir un travail propre et régulier ; avec le râteau, on ramènera à la ligne formée par le cordeau un peu de terre et les petites pierres, ce qui donnera une légère élévation donnant aux planches ainsi formées, un aspect creux d'environ 3 à 4 centimètres.

CHAPITRE II

Semis à la Volée, en Rayons, en Poquets
en Pépinière
Terreautage — Battage — Arrosages

Lorsque le terrain a été disposé comme il est dit ci-dessus, il ne reste plus qu'à l'ensemencer.

Les semis peuvent se faire de quatre manières bien distinctes : 1° en rayons, 2° à la volée, 3° en poquets, 4° en pépinière. L'avantage des semis en rayons est celui de faciliter les main-d'œuvre, éclaircies, sarclages et binages, mais, en revanche il est moins productif en raison que, entre chaque ligne, une partie du terrain se trouve annulée, mais les produits sont plus volumineux. Le semis à la volée est principalement employé par les praticiens, en ce sens qu'il évite les pertes de terrain, mais les façons sont plus difficiles et plus longues. Ici, l'ouvrier choisira selon le temps qu'il peut donner à sa culture.

Le semis en rayons consiste à tracer, à l'aide du cordeau et de la pointe de la binette, un rayon d'une profondeur variable, selon la grosseur de la graine. Ce petit sillon creusé

2.

reçoit alors les graines qui seront semées à
l'aide de la main droite, le pouce et l'index les
faisant tomber dans le rayon. Avant de procéder
à leur recouvrement, il faudra les faire adhérer
au sol par un battage donné avec le dos du
râteau. Ainsi appuyées, les graines seront
recouvertes de la terre fine provenant du
creusement des rayons. Si on disposait d'un
peu de terreau, il serait toujours avantageux
d'en garnir les rayons, particulièrement pour
les graines fines : carottes, poireaux, oignons,
cerfeuil, persil.

Pour toutes ces plantes le rayon ne devra pas
avoir plus de trois à quatre centimètres de
profondeur tandis que pour les pois, les
haricots, ces rayons devront être creusés à six
ou sept centimètres ; quant aux intervalles à
réserver entre chacun d'eux, nous les indi-
querons à chacune des espèces à cultiver.
Le semis à la volée est plus simple et consiste
à projeter sur le sol, avec la main droite, les
graines, en ayant soin de bien les répartir autant
que possible ; si les graines sont fines et légères,
on évitera de semer par grand vent qui
chasserait la graine en dehors des planches,
dans ce cas, une bonne précaution à prendre
sera de mélanger à ces graines du sable ou de
la terre fine. Ce genre de semis est réservé aux
plantes destinées à produire sur place.

Ainsi semées, pour obtenir une parfaite
répartition, rien ne sera plus simple que de
donner un coup de fourche dans le sens de la
longueur et ensuite de la largeur des planches.
Cette opération se nomme le hersage. Elle a
aussi pour effet d'enterrer quelque peu les
graines dans le sol. Immédiatement après on

devra battre le terrain, pour faire adhérer les graines. Ce travail peut se faire à l'aide d'un instrument nommé *batte*, qui se compose d'un manche à l'extrémité duquel se trouve clouée une planche, on peut aussi le faire à l'aide des pieds, mais ce procédé n'est pratique qu'avec des chaussures sans talon, on peut aussi clouer légèrement de petites planchettes sous ses galoches ou ses sabots et marcher sur le sol avec ces chaussures montées. C'est ainsi que procèdent beaucoup de jardiniers, ce travail est le *Roulage*. Le semis ainsi fait, serait toujours avantagé s'il était recouvert d'une légère couche de terreau qui permettrait aux graines de ne pas être atteintes par les gelées et par les sécheresses du printemps ou de l'été.

Les semis en *poquets* ou trous, seront réservés pour les grosses graines (pois, haricots). Ils consistent à faire avec la binette des trous de la largeur de la lame de l'outil et de huit à dix centimètres de profondeur, à des intervalles variables selon les espèces de plantes. Les graines sont déposées dans le fond des poquets et recouvertes de terre légère, quelques jours après la levée, on garnit le collet des plantes en comblant les trous par un coup de binette, c'est ce qu'on appelle le *rechaussage* ou *buttage*.

Les semis en *pépinière* seront réservés aux plantes susceptibles d'être repiquées ou plantées plus tard. Ils se font de la même manière et doivent recevoir les mêmes soins que ceux effectués à la volée en place.

Règle générale, les semis devront se faire par un temps doux et jamais par temps de pluie. Il ne reste plus que d'entretenir par la suite un peu d'humidité à l'aide d'arrosages à l'arrosoir à pomme.

Ces arrosages, au printemps et à l'automne, devront être faits le matin de préférence et jamais le soir.

En été, le contraire devra être pratiqué.

L'eau devra être employée à une température approximative à celle de l'air.

Repiquages, Mises en Pépinières, Mises en place ou Plantation

Bien des plantes ne se contentent pas seulement d'être semées comme il a été décrit à l'article ci-dessus pour obtenir le résultat final, mais elles exigent encore, pour leur réussite parfaite, un petit travail d'éducation que nous désignons en terme horticole sous le nom de *Repiquage*.

Les repiquages ont pour but et pour effet de favoriser et d'accélérer la végétation des jeunes plantes, en leur donnant plus d'espace, plus d'air, plus de lumière et en multipliant le nombre de leurs racines. Les plantes ayant subi ce travail essentiel, sont toujours plus trapues et plus aptes à donner de bons résultats ; elles reprennent plus facilement et souffrent moins au moment de la mise en place ou plantation définitive.

Pour cela, on soulève les jeunes plantes à l'aide d'une fourche ou d'une spatule, en ayant soin de ne pas endommager les racines, et on les plante dans un sol labouré et finement divisé ; c'est ce qu'on appelle le repiquage en pépinière, chaque individu sera planté à une distance variable, selon son volume et le temps qu'il aura à y rester. Dans cette plantation comme dans toutes celles qui succèderont, il faudra éviter de replier les racines — c'est ce qu'on appelle planter à genoux, — car la reprise ne s'effectue que très mal ou pas du tout. Les plants ainsi repiqués ou plantés restent chétifs, languissants, et ne font que des sujets médiocres ; à l'aide d'un plantoir ou de l'index si le plant est petit, on creuse un trou profond en raison de la longueur de la racine principale ou *pivot*, on place la racine dans le trou jusqu'à ce que les premières feuilles de la plante affleurent le niveau du sol, c'est-à-dire jusqu'au « collet » et à l'aide de l'index ou du plantoir on appuie légèrement le sol contre la racine pour la faire adhérer. Si la racine était par trop allongée, on pourrait alors en supprimer une partie à son extrémité.

Un arrosage léger devra toujours suivre la fin de ce travail.

Mise en Place

En ce qui concerne la plantation en place, on pourra, pour certaines plantes (choux, romaines) tracer un rayon de quelques centimètres, l'arrosage se fera alors en remplissant le rayon d'eau. Ce rayon sera supprimé lorsqu'on procèdera au premier binage, quelques jours après la reprise des plants. Les distances à observer varieront selon les espèces et leur développement.

Lorsqu'on procèdera à la mise en place, on pourra soulever les plants de la pépinière avec

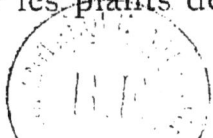

une bêche et les planter à l'aide de la houlette. Il sera toujours bon d'arroser la pépinière la veille de cet arrachage.

Abris

Quoique les abris n'appartiennent pas aux jardins ouvriers, en raison que les intéressés sont malheureusement défavorisés de la fortune, et qu'ils appartiennent plutôt aux propriétaires et aux jardiniers, il n'est pas à dédaigner un mode très simple de posséder des abris improvisés, construits en peu de temps et à peu de frais. Je veux parler des parties de terrains disposés en pente, désignées sous le nom de *Costière*.

On entend par *costière* ou *côtière*, une planche du jardin en talus ou en pente exposée au soleil.

Cette planche a sa surface inclinée et peut avoir une largeur de 1 m. 30 à 1 m. 40, une longueur variable. La partie haute peut être élevée de 20 centimètres au-dessus du niveau de sa base. La terre du haut est retenue, soit à l'aide de planches, de lattes enfoncées dans le sol, ou de gazon plaqué pour empêcher la terre de se désagréger.

Ces côtières favorisent la végétation au printemps, rendent les végétaux plus hâtifs et ils permettent, — chose très essentielle ici, — de recevoir les plantes semées à l'automne pour les conserver intactes pendant les froids de l'hiver. Les choux d'Yorck et les laitues de printemps trouveront dans cette disposition leur conservation assurée.

CHAPITRE III

Cultures spéciales des principaux Légumes
à conseiller
Variétés les meilleures dans chacun des genres

Dans ce Traité, je m'appliquerai spécialement à décrire tout simplement les bons légumes, nécessaires aux besoins de la famille. Les plantes légumes de fantaisie ne rentreront pas dans ce cadre, jugeant qu'ils n'ont aucune raison d'être, car ils nécessitent d'ailleurs beaucoup de soins et rapportent très peu. En général, je conseillerai les variétés les plus productives et les plus rustiques dans chacun des genres.

Ail — Echalotte

Le jardin ouvrier devra en conténir quelques plants, une douzaine de pieds d'aulx, et une quarantaine d'échalottes sont nécessaires pour la confection des ragoûts, des salades et de la soupe. Plantes bulbeuses, elles recevront toutes deux les mêmes soins. Plantation depuis Novembre jusqu'en Mars, dans un sol légèrement fumé ou fumé de l'année précédente. Distance entre les plants : 25 centimètres en tous sens.

Au marais, plantation en Mars.

Route d'Ailly, plantation en Janvier.

Elle s'effectue à l'aide de la main, en creusant un petit trou dans lequel on dépose les bulbes, la partie pointue en l'air et non renversée. Soins, deux binages répétés, sarclages selon le besoin.

L'ail arrivé à son entier développement, la tige sera tordue et nouée pour permettre le grossissement des bulbes. L'arrachage après maturité, les plantes bottelées et placées soigneusement à l'abri de l'humidité.

L'échalotte mûrira sur place sans toucher aux tiges.

VARIÉTÉS

Ail ordinaire.

Echalotte ordinaire, La Meilleure.

Echalotte de Jersey. Un peu moins savoureuse, mais plus productive. Conservation plus difficile que l'ordinaire, elle se développe plus rapidement au printemps.

Artichaut

Plante vivace donnant son produit depuis Juillet jusqu'en Octobre. Les parties comestibles sont la base de la fleur et le réceptacle appelé *fond*, qui se consomment crus ou cuits.

Quoique étant un produit peu rémunérateur pour le cas présent, quelques pieds de ce légume pourront être plantés dans une partie riche du jardin.

Fig. 1

La culture en est facile ; plantation des jeunes

pieds ou œilletons en sol fumé, labouré pro-
fondément, à des intervalles de un mètre en
tous sens. Les plantations de ces jeunes plants
donnent ordinairement leurs premiers produits
en septembre. Une culture peut donner pendant
quatre années consécutives. Les seconde, troisième et quatrième année, on ne devra conserver
que deux ou trois pieds par touffe, pour cela on
aura soin, en Mai, d'enlever les jeunes œilletons
qui se développent au pourtour de la touffe ; on
ne gardera que les deux plus beaux plants. La
difficulté de réussite dans cette culture, est de
conserver intacts les plants en saison d'hiver.

Dans les terrains de Saint-Gilles, il y aura
beaucoup de chance à les voir pourrir, plutôt
que dans les terrains de la route d'Ailly. Néanmoins, en Novembre, les intéressés des deux
jardins devront déposer sur chacun des pieds
une litière de feuilles sèches. Un bon buttage
des plants à l'aide de la bêche est aussi très
efficace. Au printemps, c'est-à-dire en Avril,
on aura soin de débutter et enlever les feuilles
leur servant d'abri. Un bon labour entre les
touffes sera nécessaire, on pourra profiter de ce
travail pour faire la suppression des œilletons.

La variété à réserver pour la Région sera
toujours l'*Artichaut gros vert de Laon*. Figure
n° 1.

Betterave

La betterave à salade donne à l'automne et
pour l'hiver un excellent produit à additionner
aux salades d'hiver, de céleri, maches, scaroles.
La cuisson des racines peut se faire à la vapeur,
au four ou dans la cendre.

3

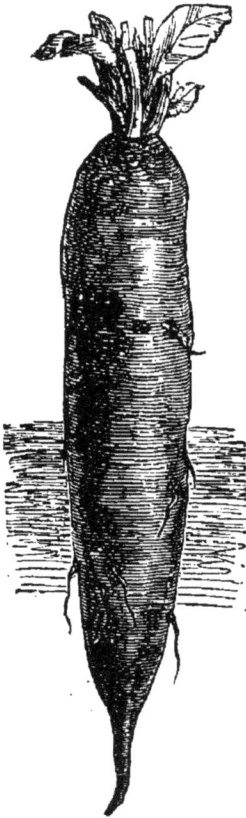

Une petite planche de quelques mètres carrés donnera une soixantaine de bonnes racines.

Semer en rayons distants de 35 centimètres, en Mai et Juin. Quelques binages et éclaircie des plants à des intervalles de 30 centimètres sur la ligne.

Arrachage en Novembre, avant les gelées, rentrée des racines au cellier, à la cave, ou conservation en silos.

Voir article Conservation des Légumes en Hiver.

VARIÉTÉ

Betterave rouge grosse lisse à Salade. Figure n° 2.

Fig. 2

Carotte

La carotte est un légume raciné, absolument indispensable au ménage ouvrier. Son produit se consomme cuit et sert à faire les soupes et potages. En outre, on peut les consommer au printemps en ragoût mêlées de pommes de terre. Les carottes frites au beurre ou à la graisse comme les pommes de terre font aussi le régal des enfants. Sa culture est très simple et ici je

diviserai cette culture en deux saisons bien
distinctes

Fig. 4

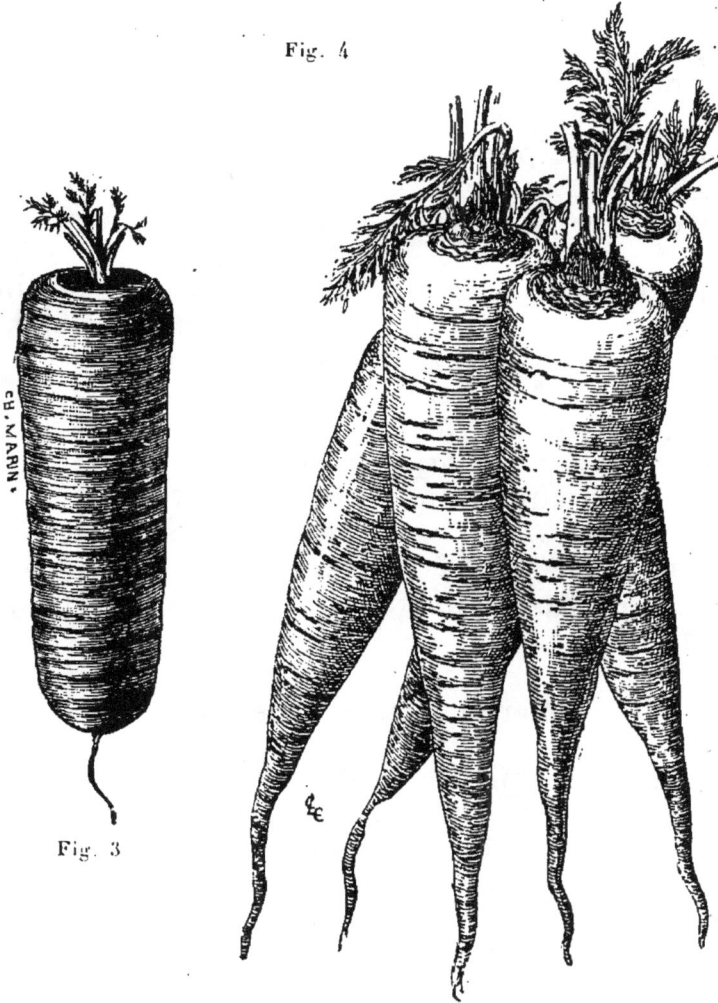

Fig. 3

1° Culture printanière, pour produire en été ;
2° Culture estivale, pour produire à l'automne
et conservation d'hiver.

La carotte exige un terrain profond en raison

de sa racine pivotante, il faudra donc labourer 25 centimètres de profondeur, tracer des planches ou des rayons, comme il a été décrit page 14.

Pour la culture n° 1, semer en Mars et même en Février si le temps est propice, en tenant compte des prescriptions de l'article *Semis*, la graine peu recouverte (2 à 3 centimètres). A la levée, arroser un peu le matin, si le temps est sec.

Lorsque les jeunes plantes auront 3 à 4 feuilles développées, on devra procéder au sarclage, à l'enlèvement des mauvaises herbes et à l'éclaircie.

La meilleure variété est la *Carotte rouge demie-longue Nantaise*. Figure n° 3.

Pour la culture n° 2, on réservera son choix sur la *Carotte rouge longue de Saint-Valery*, fig. n° 4, qui peut être semée en Juin et Juillet, après récolte de printemps, mêmes soins que pour le n° 1.

Céleri à côtes — Céleri Rave

Certes, ces plantes donnent de bons produits à consommer à l'automne et en hiver ; l'ouvrier pourra en planter quelques pieds, ne serait-ce que pour aromatiser les potages. Les feuilles et les tiges blanchies du premier sont délicieuses à consommer crues en salade et cuites avec du rôti de porc ou de veau.

Le second donne une racine assez volumineuse, d'un goût parfait, consommation en hiver, cuite en ragoût ou crue en salade ou poivrade.

Pour le céleri à côtes, je conseillerai le *Céleri*

plein blanc, voir fig. n° 5, qui a l'avantage de ne pas être soumis à l'étiolement pour donner des côtes et des feuilles blanches ou jaunes.

Le céleri à côtes sera toujours avantageusement planté dans une tranchée de 20 centi-

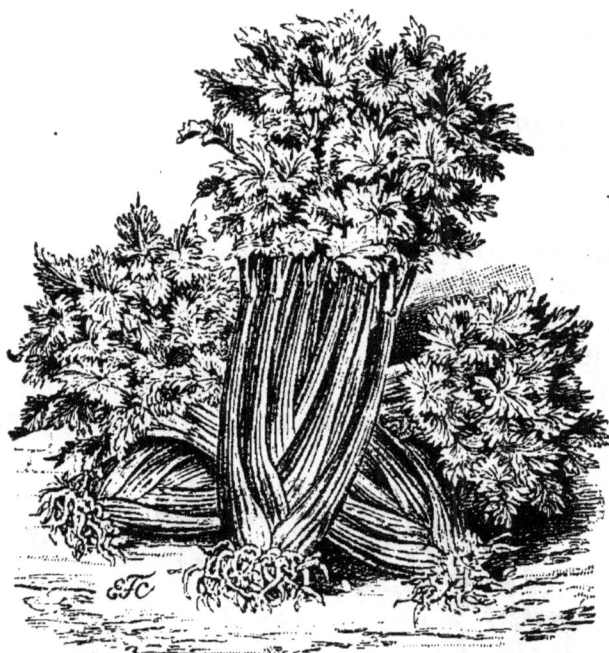

Fig. 5

mètres de profondeur ; à l'automne, à l'approche des froids, on n'aura qu'à garnir les plantes à l'aide de la terre provenant de cette fosse.

Pour le second, le *Céleri rave ordinaire*, il sera le plus apprécié et le plus rustique dans les deux terrains.

Ces deux genres de plantes seront semées en sol frais, en Mars-Avril, repiquage en pépinière en Mai, mise en place en Juillet ; à 40 centimètres d'intervalle.

3.

Cerfeuil

Plante dont les feuilles servent à aromatiser les sauces, les ragoûts et les salades ; on peut aussi en faire de bonnes soupes rafraîchissantes.

Semis à la volée en Août pour en avoir jusqu'au printemps.

VARIÉTÉ

Cerfeuil ordinaire.

Chicorée

Ici, nous nous trouvons en présence de plusieurs sortes bien différentes les unes des autres, mais je n'attacherai de l'importance qu'à trois espèces.

1° La Chicorée sauvage amère de Paris, laquelle servira à bordurer une partie du jardin.

Fig. 6

Semis en Mars-Avril ; le feuillage sera réservé pour l'alimentation des lapins en été, en hiver on pourra alors en obtenir une salade blanche. Pour cela, on arrachera les racines qu'on disposera en bottes rondes, après avoir coupé les feuilles à 2 centimètres au-dessus du collet, on les placera dans une cave obscure ; une vingtaine de jours après on aura le développement des feuilles blanchies. On pourra aussi au printemps butter les racines sur place et obtenir le même résultat.

Fig. 7

2° et 3° Les Chicorées Scaroles et Chicorées frisées, devront composer une partie du jardin à l'automne.

Blanchies par les ligatures des feuilles assemblées, on aura un produit précieux.

Semer en pépinière en Juillet, mise en place en Août, après récolte de pommes de terre ou des pois de la première saison. Distance de 35 centimètres entre les plantes.

VARIÉTÉS

Scarole ronde verte. Figure n° 6.
Chicorée frisée de Ruffec. Figure n° 7.
— *de Meaux.*

Chou

Le jardin ouvrier ne devra jamais en être dépourvu ; le chou est un légume de toute première importance pour le ménage. On le consomme cuit de différentes façons : en soupe, en ragoût, farci avec du porc haché. Pour ne pas manquer de ce produit, il faudra faire trois semis et plantations par an.

Fig. 8

Le premier semis, pour récolte de printemps, en Août-Septembre, repiquage et mise en place, comme il a été décrit aux articles *Semis*, *Repiquages* ; mise en place à 40 centimètres, récolte en Mai-Juin.

VARIÉTÉS

Chou Cœur de Bœuf moyen de la Halle. Figure n° 8.
Chou d'Yorck gros.

Le deuxième semis en Mars, même procédé que pour le premier, mêmes soins, production en Juillet-Août.

VARIÉTÉ

Chou Milan gros des Vertus. Figure n° 9. Plantation à 50 centimètres en tous sens.

Le troisième semis en Mai, mêmes procédés, production à l'automne et tout l'hiver.

VARIÉTÉ

Chou Milan de Pontoise. Plantation à 45 centimètres.

Tous les choux sont gourmands d'engrais,
aussi leur réservera-t-on un carré bien amendé,
fortement labouré.

Parmi les choux d'hiver, une espèce spéciale

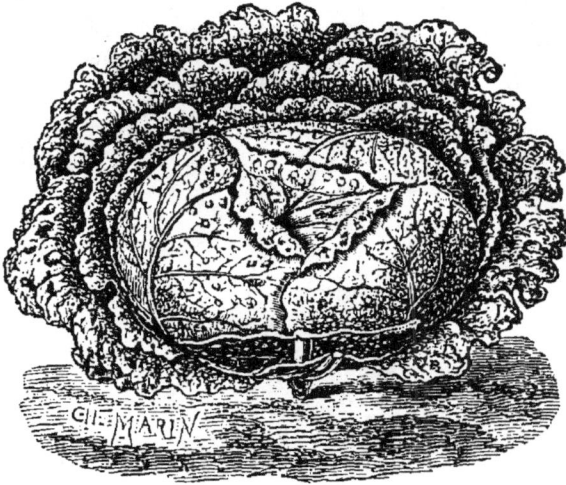

Fig. 9

dite *Chou à jets ou Chou de Bruxelles*, figure 10,
est très recommandable pour la culture ouvrière,
on ne saurait trop en planter, c'est une excellente ressource pour la saison froide.

Semer en pépinière en Avril et Mai, mise en
place en Juin-Juillet, par un temps sombre ou.
après une forte pluie. Plantation à 50 centimètres en tous sens. Production de Novembre
à Avril.

Un autre genre de chou qui peut rendre de
très grands services est le *Chou Rave*, qui rem-
placera très avantageusement le navet, particulièrement dans les jardins de la route d'Ailly,

terrain ou les navets éprouveront par temps sec une grande difficulté à donner de beaux produits.

Fig. 10

Semis en pépinière, en Mai-Juin, mise en place fin Juillet, à 50 centimètres de distance en tous sens, récolte et consommation d'Octobre à Mai.

Cornichon

Donne un fruit qui, confit au vinaigre, sert .

Fig. 11

d'excitant en hiver, peu recommandable, semis en place en Juin.

VARIÉTÉ LA PLUS PRODUCTIVE

Cornichon vert de Paris. Figure n° 11.

Courges — Potirons

Les plantes de cette catégorie donnent d'excellents produits-fruits dont on fait de bonnes purées, très estimées des enfants. Mais elles exigent par leur grande végétation trop de place et feraient perdre une grande quantité de terrain pour ne récolter que très peu de chose. Semer en place, en poquets garnis de fumier en Mai.

Epinard

L'épinard donne une abondante quantité de feuilles qui, cuites à l'eau et au beurre, font un très bon légume d'hiver.

Semer en Août-Septembre, en rayons distants de 25 centimètres ou à la volée ; binages, éclaircies, récolte depuis Octobre jusqu'en Avril.

VARIÉTÉ

Epinard monstrueux de Viroflay.

Fraisier

Le jardin ne disposera pas de place pour la
culture de cet excellent fruit, car il tiendrait le

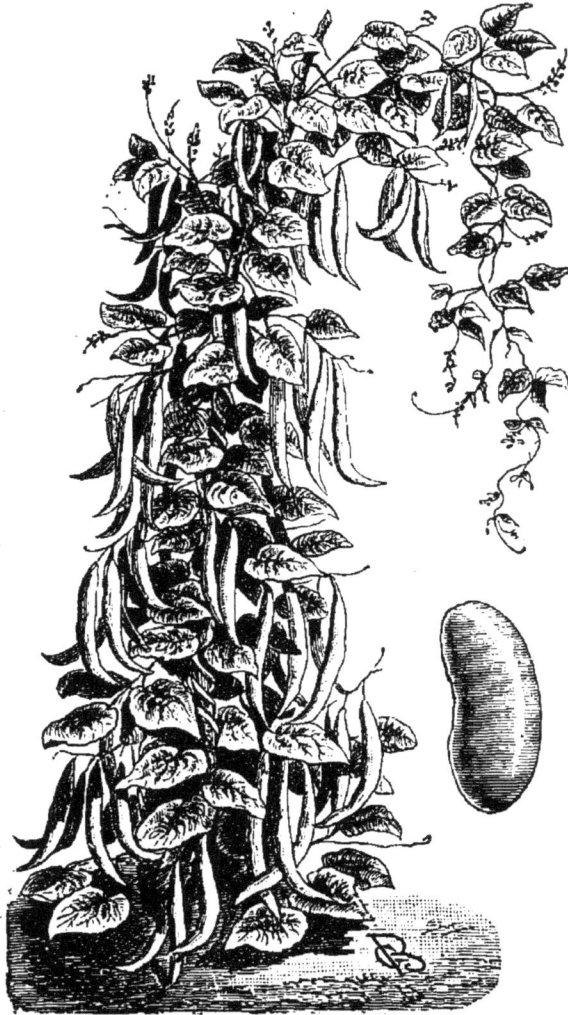

Fig. 12

sol une année entière pour ne donner que

quelques livres de fraises. Il faudra donc par économie, le planter en bordures, les plants seront placés à 30 centimètres de distance.

Noble de Laxton.
Jucunda.

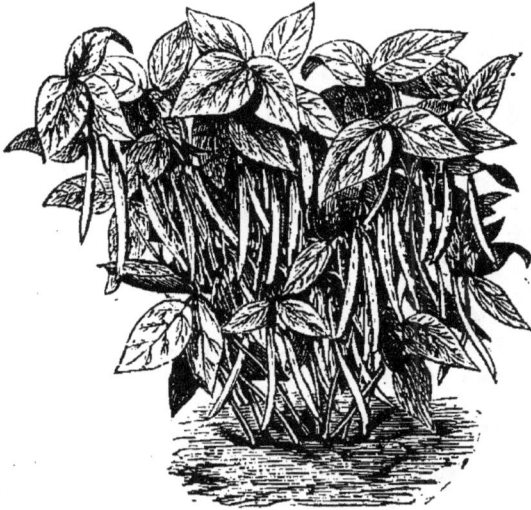

Fig. 13

Fig. 14

Haricot

Avec la pomme de terre, le haricot sera une des principales ressources du jardin et, pour en obtenir un rendement appréciable, il faudra préférer les variétés à rames, dans le cas où on pourra se procurer des branches d'arbres. Saint-

4

Gilles ne sera pas gêné, les jardins étant entourés de saules.

Fig. 15

Semis en poquets ou en rayons distants de 40 centimètres, vers le 15 Mai, binages et pose des rames immédiatement après la levée.

Haricot de Soissons à rames. Figure n° 12.

Pour permettre la cueille, les planches seront à deux ou trois rangs, séparées entre elles par un sentier de 70 à 80 centimètres.

Pour les espèces naines, la culture sera la même, semis en Mai, Juin et Juillet, aux rayons distants de 40 à 45 centimètres, on s'attachera à ne semer que des variétés productives et à grain blanc pour consommer en sec pendant l'hiver.

VARIÉTÉS

Flageolet d'Etampes. Figure n° 13.
Soissons nain.

Pour la consommation des haricots en gousses vertes, il faudra préférer le H. *noir hâtif de Belgique*, Figure n° 14, pour les première et dernière saisons.

Parmi les variétés de haricots, une catégorie spéciale dite H. *mangetout* ou sans parchemin, est encore très bonne à conseiller en ce sens que toutes les parties des gousses sont comestibles.

Semis dans les mêmes conditions, mêmes soins.

H. *mangetout à rames Princesse.*
H. *mangetout beurre noir d'Alger.* Figure n° 15.

La récolte en sec pour conservation d'hiver se fera autant que possible par temps sec, les touffes bottelées, ficelées, et placées au grenier; on les battra dans un sac pour faire sortir les graines de leurs gousses, cela au fur et à mesure des besoins.

Laitue et Romaine

Plantes donnant un feuillage réuni en pomme plus ou moins serrée, arrondie dans la première et allongée dans la seconde. Leur usage est

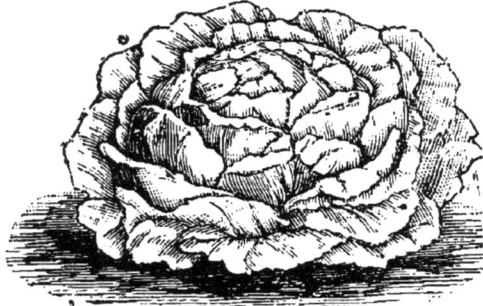

Fig. 16

identique. Consommation : crues en salade, blanchies à l'eau et cuites au beurre ou mêlées au jus de rôtis.

Fig. 17

Les semis se font à toutes époques de l'année, pour avoir des produits en toutes saisons, excepté d'Août en Mars, période où il y a toujours une grande quantité de scaroles, chicorées frisées, et des mâches dans les jardins.

Les laitues de printemps seront semées en pépinière, en Août-Septembre, repiquées en Octobre; mise en place en terrain sec en Novembre, en sol humide en Février-Mars. Soins d'hiver : recouvrir par les grands froids d'une litière très légère de paille et mieux

Fig. 18

encore, faire confection et usage d'une côtière. Plantation à 35 centimètres en tous sens.

DEUX VARIÉTÉS A PRÉFÉRER

1° *Laitue Merveille des Quatre Saisons.* Figure n° 16.

2° *Laitue Grosse Blonde Paresseuse.* Figure n° 17.

Production en Avril, Mai et Juin.

Pour l'été, il faudra semer une très petite quantité à la fois et tous les mois, si on tient à avoir de la salade pendant la saison chaude.

4.

VARIÉTÉS D'ÉTÉ

Trocadéro (Laitue du) et la L. Merveille des Quatre Saisons.

L. Romaine verte Maraichère. Figure n° 18.

Mâche

Une des plantes les plus recommandables aux ouvriers amateurs de salade d'hiver. Peu exigeante, elle donne d'excellents résultats, même dans les sols les plus ingrats.

Semis sur terre ferme, depuis Août jusque fin Septembre, à la volée par planches ou par carrés. Sarclages, éclaircies, sont les seuls soins à lui donner.

VARIÉTÉ LA PLUS RUSTIQUE POUR L'HIVER

Mâche verte d'Etampes.

Navet

Ce légume excellent devra se trouver au jardin ouvrier. La racine est la partie comestible qui se consomme cuite, en ragoût, ou dans les potages gras ou maigres. Culture très simple, semer en place, à la volée ou en rayons distants de 30 à 40 centimètres, selon les variétés, depuis Mars jusqu'en Septembre ; la récolte des racines se fait alors depuis Juin jusqu'au printemps suivant.

Pour les jardins de la route d'Ailly, je conseillerai de ne semer qu'à la fin de l'été vers le 15 Août, après l'arrachage des pommes de terre ; à Saint-Gilles on pourra, en raison du sol humide, semer dès Avril.

Après la levée, on enlève les herbes étrangères à la culture, on éclaircit les plants et

l'arrachage à la fin de Novembre au plus tard.
Rentrée des racines en cave ou en silos.

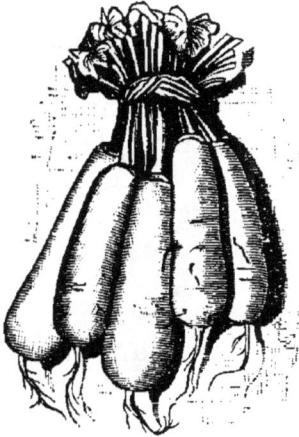

Fig. 19   Fig. 20

· VARIÉTÉS

Pour l'été, *le Navet des Vertus Marteau.*
Figure n° 19.

Pour l'hiver, *le Navet long de Meaux.*
Figure n° 20.

Oignon

Il est indispensable pour le ménage, aussi, le
jardin ouvrier doit en posséder en toutes
saisons. L'oignon sert à presque tous les usages
de la cuisine : soupes, ragoûts, salades et pâtés.

Pour avoir des oignons à consommer toute
l'année, il faudra faire deux semis, le premier
en Août, le second de Février à Avril. Le semis
d'Août donnera son produit au printemps et pour
l'été ; le semis de Mars donnera dès la fin de
l'été pour le reste de l'année.

Pour le semis d'Août, il est préférable de

semer à la volée, en pépinière, repiquer le plant
en place en Octobre ou Novembre
pour Saint-Gilles ; Février-Mars
pour route d'Ailly.

On disposera le terrain par
planches de 1 m. 30 et on tracera,
à l'aide d'une baguette, les rangs
dans le sens de la largeur, plantation en quinconces à 20 centimètres. Quelques binages et sarclages au printemps sont les seuls
soins qu'ils réclament.

Fig. 21

Quant au semis de printemps, il devra se
faire de bonne heure, en Février-Mars, dans un

Fig 22

sol bien travaillé, finement hersé, divisé en
planches de 1ᵐ 30, semer en place à la volée ou en
rayons distants de 20 centimètres ; après la levée,
sarcler et éclaircir ; quelques arrosages si le
temps est sec ; récolte dès la maturité des
bulbes, séchage sur le sol pendant quelques
jours, mise au grenier en lieu sec.

Pour semer en Août : *Oignon blanc hâtif de Paris.* Figure n° 21.

Pour semer au printemps . *Oignon jaune paille des Vertus.* Figure n° 22.

Oseille

L'oseille est nécessaire pour faire au printemps des soupes maigres rafraîchissantes. En outre, la terre des plates-bandes du jardin sera

Fig. 23

facilement retenue à l'aide de bordures d'oseille.

Plantation des touffes en Mars-Avril ou à l'automne, à 40 centimètres de distance.

L'oseille ne réclame aucun soin spécial, elle pousse dans tous les sols. En été il faudra couper les feuilles de temps en temps.

Panais

Quoique peu employée dans la cuisine, la racine de cette plante donne un goût exquis aux potages gras. La jeune racine est un excellent légume à consommer comme les pommes de terre. Semer en place, en rayons ou à la volée, quelques binages en été, récolte des racines en Novembre ; mise en cave ou silos.

Panais rond hâtif. Figure n° 23.

Persil

Le persil doit se trouver en tout temps dans le jardin. L'ouvrier devra le semer en bordures des allées de côté ou aux extrémités des carrés.

Semis en rayons, en place, en Mars-Avril. Culture sans soin spécial.

VARIÉTÉ

Persil ordinaire.

Pissenlit

Bonne plante à conseiller ; sa culture est simple et facile. Semer en Mars, Avril et Mai, en rayons, en bordures ou en planches. Eclaircie et binages en été, les feuilles coupées, pourront, comme celles de la chicorée, être données aux lapins et aux chèvres, lesquels en sont très friands.

Le pissenlit fournit en hiver et au printemps une belle et bonne salade blanche, agréable au goût et laxative. Pour faire blanchir, butter ou recouvrir de feuilles ou de fumier.

VARIÉTÉ

Pissenlit amélioré à cœur plein.

Poireau

Légume indispensable aux besoins du ménage
ouvrier ; le poireau sert à faire des potages.

Fig. 24

rafraîchissants, des soupes grasses, et il est
encore consommé cuit, assaisonné en sauce
blanche ou à l'huile et au vinaigre, à l'exemple.
des artichauts et des asperges.

Bien des auteurs l'ont dénommé : *l'Asperge
du pauvre*.

De culture facile, le poireau se sème en pleine
terre, depuis Février jusqu'en Avril, en planches,

en pépinière ou en rayons distants de 20 à
25 centimètres, dans un sol bien labouré,
fortement fumé et finement divisé.

La levée est assez
lente, on compte ordi-
nairement 20 à 25 jours.
Dès qu'elle s'effectue,
bassinages ou arrosages
à l'arrosoir à pomme
fine. Lorsque le plant
est de la grosseur d'un
bon crayon, mettre en
place, en sol riche, en
lignes creusées à 8 cen-
timètres de profondeur,
espacées entre elles de
20 à 25 centimètres,
plantation sur les lignes
à 20 centimètres, arro-
sages fréquents en cas
de sécheresse.

On peut encore semer
en Août ou Septembre
une saison de poireaux
dans les mêmes condi-
tions de travail, le repiquage a lieu en Novem-
bre. Ce sont les pro-
duits de ce semis qui
rendront de grands ser-
vices, car ils permettront d'attendre les résultats
des semis de printemps.

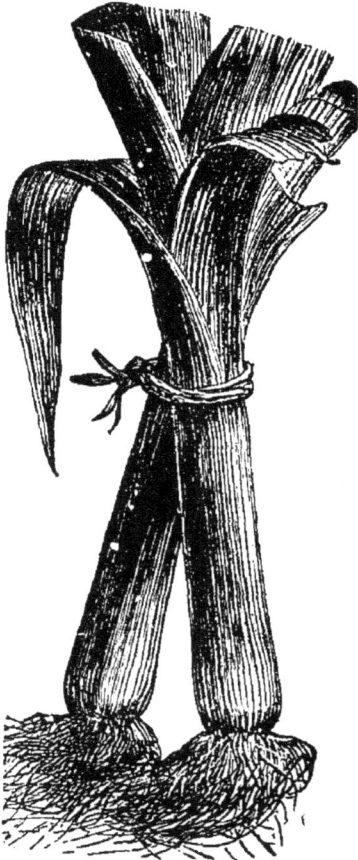
Fig. 25

VARIÉTÉ

Pour la première saison : *Poireau monstrueux
de Carentan*. Figure n° 24.

Pour la deuxième saison : *Long d'hiver de Paris*. Figure n° 25.

Pois

En général, le pois est un légume très apprécié de tous les gourmets ; l'ouvrier trou-

Fig. 26

vera dans ce légume un produit excellent et nourrissant, mais en raison du peu de terrain qu'il dispose, il ne pourra en semer qu'une petite quantité, car les pois demandent beaucoup de place pour rapporter peu. On s'attachera donc à semer les variétés à grand rendement.

5

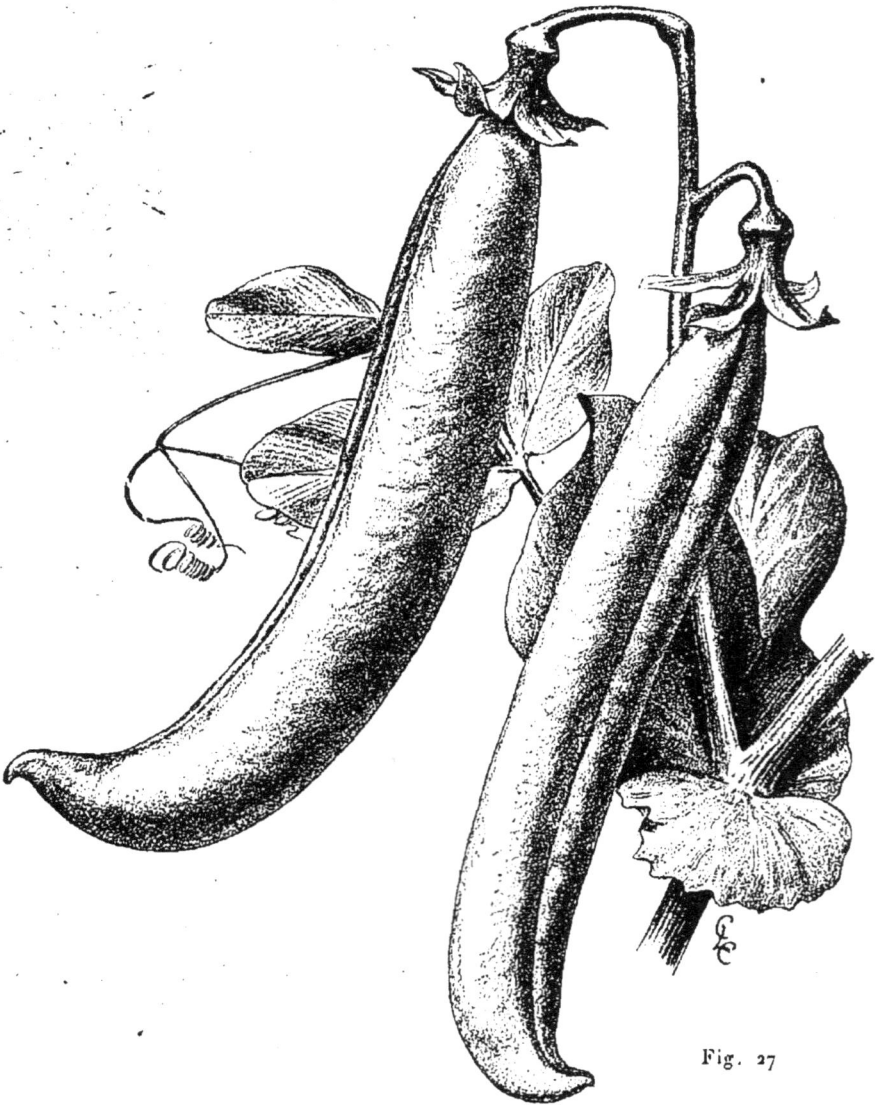

Fig. 27

Dans les jardins de la route d'Ailly, les
variétés à rames seront assez difficiles à cultiver
par l'absence de rames, tandis que dans ceux

Fig. 28

de Saint-Gilles, on aura toujours la ressource des branches de saules qui les entourent. Parmi les variétés naines très productive, il faudra réserver son choix sur le pois

Orgueil du Marché. Figure n° 26.

POUR LES VARIÉTÉS A RAMES

La *Serpette d'Auvergne et le Pois caractacus.* Figure n°˙ 27 et 28.

Les semis se feront en place, de Février à Avril. Pour les variétés à rames, par planches à

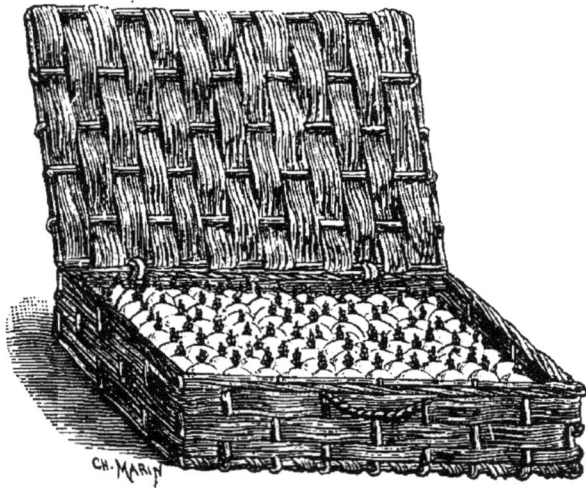

Fig. 29

deux rayons distants de 30 centimètres ; les planches séparées par des sentiers de 60 à 70 centimètres pour permettre la cueillette.

Pour les espèces naines, on pourra semer par planches de quatre rayons, distants entre eux de 35 à 40 centimètres, ou par rayons non distribués en planches.

Les rayons devront être tracés au cordeau, à une profondeur de 5 à 6 centimètres ; ils recevront les graines semées dans le fond et assez serrées ; un coup de dos de râteau pour les tasser et recouvrir les rayons avec la terre fine provenant de cette main-d'œuvre ; quelques jours après la levée, un bon binage, pour rechausser les jeunes plantes et éléminer les herbes ; dès l'apparition des vrilles, un autre binage en buttant légèrement les plants et pose des rames pour permettre aux pois de s'accrocher à l'aide de leurs premières vrilles.

Pomme de terre

La pomme de terre sera la ressource principale du jardin ouvrier. L'intéressé devra

Fig. 30

porter son attention sur cette culture qui doit être la plus productive pour son ménage.

Je conseillerai la plantation comme suit :

Première saison : Plantation en Avril à

5.

40 centimètres en tous sens, fin Mars si le temps est propice, en employant la variété *Marjolain Tétard* (Figure n° 29), mais en ne plantant qu'un quart du terrain réservé à cette espèce ; la récolte pourra avoir lieu aux premiers jours de Juin et se terminer en Juillet, en arrachant au fur et à mesure des besoins jusqu'à concurrence de maturité complète.

La Royale Kidney (Figure n° 30), plantée en Avril, à 40 centimètres de distance en tous sens, donnera son produit en Août pour suivre à la première. Planter un quart du terrain. Le reste ou moitié de la totalité à planter, sera cultivé avec la variété

Saucisse rouge (Figure n° 31), plantation depuis Avril jusqu'au 15 Mai, à 60 centimètres en tous sens. Récolte à la maturité, c'est-à-dire vers le 15 Septembre. En Octobre, il ne doit plus rester de tubercules dans le sol.

Soins. — Pour les deux premières variétés, on devra planter des tubercules munis de germes bien verts, corsés ; on obtiendra ce résultat essentiel pour réussir, en disposant les tubercules mûrs dans des clayettes ou des caissettes, la partie la plus large au-dessus, ces caissettes devront être placées dans un endroit sain, bien aéré et éclairé. Pour cela, on choisira les tubercules les mieux formés, se rapprochant le plus fidèlement possible du type de la race, et de grosseur moyenne.

La plantation se fera dans le terrain labouré et amendé de bon fumier ; on fera des trous aux distances indiquées à l'aide de la bêche ou de la binette, à 10 centimètres de profondeur, on déposera ensuite avec le plus de précaution possible dans le fond du trou, le tubercule muni de son germe et on recouvrira de 8 à 10 centimètres de terre fine.

Dès que les jeunes tiges feront leur apparition il faudra donner un binage pour aérer le sol,

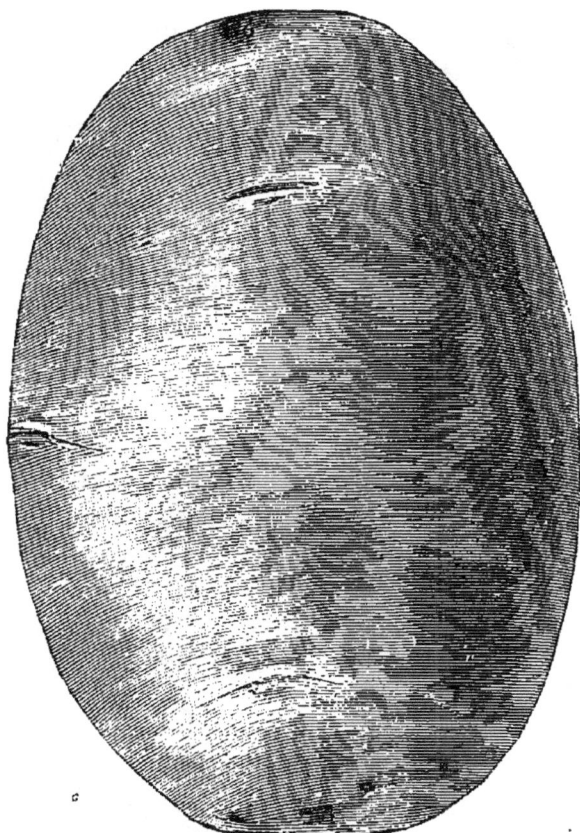

Fig. 31

recouvrir légèrement les jeunes pousses pour les abriter des dernières gelées ; au commencement de Mai, les rameaux auront déjà 20 centimètres de hauteur et c'est à ce moment qu'on procèdera au buttage des touffes à l'aide de la binette. Ainsi traitées, les variétés d'été donneront un produit rémunérateur.

Pour la variété *Saucisse rouge*, il n'y aura aucun inconvénient à planter des tubercules non munis de germes, on choisira des plants de moyenne grosseur, on plantera et on donnera les soins comme il a été dit ci-dessus.

Si on ne dispose pas d'une quantité de plants suffisants, cette variété pourra être sectionnée en plusieurs morceaux pour permettre d'achever la plantation sans acheter de nouveaux plants.

De savants agronomes ont fait des expériences sur le rendement des plants de pommes de terre et il est parfaitement établi que les rendements sont supérieurs sur ceux dont les fleurs ont été supprimées dès leur apparition. Ceci s'explique facilement, puisque les fleurs donnent naissance à une certaine quantité de fruits portant graines, ces fleurs et ces graines s'alimentent au détriment des tubercules à récolter. L'ouvrier aura donc tout intérêt à procéder sérieusement à cette opération de la suppression des fleurs, opération qui peut s'effectuer très rapidement.

L'arrachage des tubercules se fera à l'aide de la bêche, dès que les fanes ou tiges seront complètement mortes. Si le temps était par trop humide, il y aurait intérêt sérieux à arracher dès que les tiges commenceraient à jaunir, cela pour éviter la pourriture de la récolte. Pour la saucisse, on arrachera par temps sec si possible, on laissera les tubercules se ressuyer sur le sol au moins une journée et on placera ensuite le tout dans une cave ou un cellier sec.

Malheureusement, beaucoup de maisons à
Abbeville ne possèdent pas de cave, l'ouvrier
aura alors tout intérêt à conserver ses pommes
de terre en silos. Nous verrons ce procédé de
conservation à l'article spécial *Conservation des
Légumes*. Page 61.

Radis

Deux catégories bien distinctes sont inté-
essantes :

1° Les *Radis de tous mois* ou petits radis.
2° Les *Radis d'hiver* ou à grosses racines.

Certes, ce légume n'est pas indispensable au

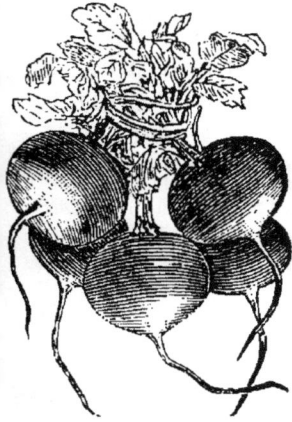

Fig. 32

ménage ouvrier, mais ce-
pendant je tiens à le citer
dans ce Traité car il exige
peu de place et permettra
à l'intéressé de consommer
au printemps et en hiver
deux produits toujours ap-
préciés par beaucoup de la
classe ouvrière. J'en pren-
drai comme preuve, ce que
je remarque souvent aux
environs des usines qui
fonctionnent en Picardie,
le repas du matin est sou-
vent fait à l'aide de pain et de viande ou de
beurre, agrémenté par l'ouvrier, d'un énorme
morceau du *Radis noir* ou encore du *Radis violet
de Gournay*.

Pour ce qui concerne les petits radis ou *Radis
de Printemps*, on sèmera quelques graines dans
les planches de carottes ou d'oignons, le même
jour que le semis de ces légumes ; ayant une
végétation accélérée et peu développée, ils

donneront leurs racines sans gêner les carottes ou les oignons. Lors d'une plantation de Laitue, on pourra y jeter quelques graines et on aura ainsi une double récolte.

Radis rond rose hâtif à bout blanc. Fig. n° 32.

Pour les Radis d'hiver, on semera et on donnera les soins à appliquer aux navets d'hiver.

Radis noir long d'hiver.
Radis violet de Gournay.

Salsifis et Scorsonère

Deux bons légumes à racines comestibles, le salsifis blanc et le scorsonère ou salsifis dont la racine est noire à l'extérieur. Fig. n°° 33 et 34.

Tous deux sont à apprécier et fourniront à la table, en saison d'hiver, un mets exquis. Les salsifis se consomment cuits et entrent dans la combinaison des ragoûts de mouton mêlés de pommes de terre, de navets, de carottes ; on peut aussi, après les avoir trempés dans la pâte, les faire frire comme des beignets. Certains gourmets les assaisonnent au beurre mêlé de persil hâché, c'est le salsifis à la maître d'hôtel.

Les salsifis demandent un sol riche et profond, il viendra mieux à Saint-Gilles que dans les jardins d'Ailly ; semis en place, en rayons distants de 30 centimètres, quelques binages en été, éclaircie des plants après la levée, récolte et consommation de Novembre à Mai.

Ce légume serait plus avantageux pour la culture ouvrière s'il ne tenait pas la place toute une année entière de culture.

Thym

Petit sous-arbrisseau, dont les tiges et les feuilles sont bonnes pour aromatiser les sauces et les ragouts.

Quelques pieds pourront être plantés dans une extrémité d'un carré. La petite partie réservée aux fleurs pourrait être encadrée par une bordure de cet arbrisseau, dont le feuillage et la fleur sont à la fois décoratifs et très odorants.

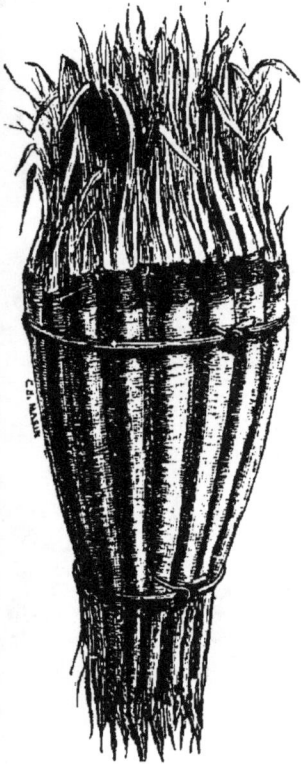 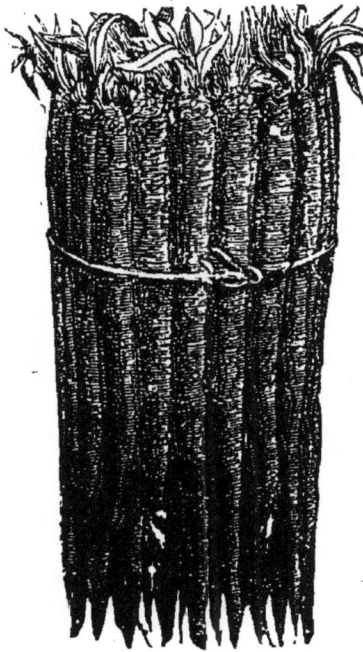

Fig. 33   Fig. 34

CHAPITRE IV

Porte-Graines

La question très intéressante des porte-graines devient très complexe dans les jardins ouvriers, car les cultures étant très rapprochées les unes des autres, ayant des chances de subir les mêmes soins, de voir différentes variétés dans les mêmes genres ; l'hybridation de toutes les espèces ne donnera que des résultats très médiocres.

Pour récolter leurs graines, sur leurs cultures, il faudrait que tous les intéressés cultivassent strictement les mêmes espèces. Dans ce cas, la récolte serait plus facile et donnerait des résultats plus francs.

Si le Comité d'organisation continue sa manière de faire, c'est-à-dire si, chaque année, on renouvelle les achats et les distributions de graines, on n'aura pas à s'occuper de cette question.

Tandis que, si on laisse à chacun l'initiative de se livrer à ce travail, on arrivera en peu de temps à constater un mélange de variétés

6

qui ne donneront qu'un résultat peu appréciable, sinon nul.

Excepté pour les pommes de terre, les graines devront être acquises soit par les ouvriers, soit par le Comité d'organisation.

Néanmoins, si les ouvriers veulent récolter quelques graines de leurs cultures, il faudra que ce travail soit fait très minutieusement, on choisira pour cela dans chacun des genres cultivés, des sujets purs, se rapprochant exactement du type quant à la forme et au feuillage. Les croisements entre les espèces seront pour eux une très grande cause de dégénérescence et, si cette pratique venait à se généraliser, on arriverait rapidement à la perte des races pures et on subirait de ce fait des déceptions complètes, d'où pertes de temps, de terrain et d'argent.

TABLEAU APPROXIMATIF

du rapport d'un Jardin de 400 mètres carrés, bien disposé et entretenu comme il est dit dans ce Traité ; les prix d'achat aux cours les plus bas.

RÉCOLTE

GENRE DE CULTURE	QUANTITÉS RÉCOLTÉES	PRIX
Ail	3o têtes	» 3o
Échalottes	8o touffes	» 8o
Artichauts	10 touffes et 6o artichauts . .	6 »
Betterave.	5o kilog. à 5 fr. les 100 kil..	2 5o
Carotte d'été	20 bottes à o fr. 5o	10 »
Carotte d'hiver	4o kilog. à 8 fr. les 100 kil. .	4 »
Céleri rave.	20 pieds à o fr. 15	3 »
Céleri à côtes	20 pieds à o fr. 10	2 »
Cerfeuil et Persil . . .	Environ 1 franc pour l'année .	1 »
Chicorée sauvage . .	20 bottes à o fr. 20	4 »
Chicorée Scarole. . . .	100 pieds à o fr. 10	10 »
Choux de printemps . .	6o pieds à o fr. 10	6 »
— d'été.	4o pieds à o fr. 10	4 »
— d'hiver.	8o pieds à o fr. 15	12 »
— de Bruxelles . .	4o pieds à o fr. 10	4 »
Epinards	Un carré de 20 m., rendement	5 »
Haricots secs à rames. .	10 litres à o fr. 8o le litre . .	8 »
Haricots nains secs. . .	5 litres à o fr. 8o.	4 »
Laitues et Romaines . .	100 à o fr. 10	10 »
Mâches.	Cueillette tout l'hiver	10 »
Navets	4o kilog. à 4 fr. les 100 kil..	1 6o
Oignons	5o kilog. à 12 fr. les 100 kil.	6 »
Poireaux	4oo poireaux, 4o bot. à o fr. 20.	8 »
Pois.	6 boisseaux à 1 fr. 25. . . .	7 5o
Pommes de terre hât. .	20 boisseaux à 1 fr. 10. . . .	22 »
Pommes de terre sauc. .	4o boisseaux à o fr. 9o. . . .	36 »
Radis	Quelques bottes et radis d'hiver	2 »
Salsifis.	10 bottes à o fr. 4o	4 »
	TOTAL.	193 7o

Conservation des Graines

Les graines récoltées par les intéressés ou celles provenant des distributions et non employées, devront être soigneusement placées dans des sachets en papier fort ou dans de petits sacs en toile. Chaque espèce bien étiquetée et placée en lieu sec, soit dans un tiroir d'un meuble, soit suspendue au grenier, de façon à les éloigner de l'humidité et de la dent des rongeurs (souris, mulots et rats).

Durée Germinative des Grains

Il est bon de présenter aux ouvriers la durée maximum des propriétés germinatives des graines de légumes. Ce détail important leur permettra d'éliminer les vieilles graines en leur possession et leur évitera ainsi des insuccès dans leurs semis.

J'emprunte ces renseignements à mon cours de culture potagère de l'École nationale d'horticulture de Versailles.

ESPÈCES	DURÉE GERMINATIVE	ESPÈCES	DURÉE GERMINATIVE
Betteraves	8 à 9 ans	Laitues	4 à 5 ans
Céleris	7 à 8 »	Mâches	5 à 7 »
Cerfeuil	4 à 5 »	Navets	6 à 5 »
Chicorées frisées et scaroles	8 à 10 »	Oignons	3 à 7 »
		Persil	4 à 5 »
Chicorées sauvages	6 à 7 »	Pissenlit	2 à 3 »
Choux (toutes variét.)	6 à 7 »	Poireau	3 à 5 »
Concombre-Cornich.	8 à 10 »	Pois	3 à 5 »
Carottes	5 à 6 »	Radis	5 à 6 »
Épinards	4 à 5 »	Salsifis	2 à 3 »
Haricots	3 à 5 »		

Conservation des Légumes en Hiver

Il ne faut pas que l'ouvrier, après avoir peiné toute la bonne saison, devienne négligent à l'entrée de l'hiver et perde par ce fait, une partie de son travail.

Si son jardin renferme à l'automne une bonne provision de légumes, il faudra pour couronner ses efforts, qu'il attache ses soins à la conservation de ses produits.

A partir du 1er Novembre, l'ouvrier devra se préoccuper de l'arrachage de tous les légumes qui peuvent être atteints et frappés des gelées. Carottes, panais, navets, céleris raves, radis d'hiver, choux pommés, scaroles et chicorées frisées, devront être abrités ou rentrés en lieu sûr.

En ce qui concerne les pommes de terre, si on ne dispose pas d'une cave saine, on devra faire une tranchée profonde de 50 centimètres, si le sous-sol le permet, et d'une surface en raison de la quantité de tubercules à abriter, réunir dans cette fosse tous les tubercules et les recouvrir d'une petite couche de paille ou de roseaux secs, recouverte elle-même d'une épaisseur de 20 à 30 centimètres de terre plaquée à la bêche.

C'est ce qu'on appelle la conservation en silo ; on pourra traiter de même les carottes et autres racines. Le céleri à côtes sera abrité comme il a été dit à l'article céleri, page 25.

Quant aux légumes foliacés telles la scarole, la chicorée frisée, on pourra d'abord les abriter à l'aide d'une litière de feuilles sèches ; on pourra

6.

aussi les arracher et les placer les racines en l'air ;
un autre procédé qui donne de très bons résultats
est le suivant : arracher en mottes, les réunir
toutes ensemble et les recouvrir de terre sèche,
faire ce travail par temps sec. Les choux, en hiver,
devront être arrachés, groupés et recouverts d'une
bonne litière ; on peut encore les arracher et leur
placer la tête face au Nord.

Les salsifis résistent assez bien aux grands
froids, mais il est toujours bon de les recouvrir en
Décembre de fumier ou de feuilles.

Lorsqu'on s'aperçoit que le temps est à la gelée
et que le ciel est bien découvert, on pourra par
précaution, arracher d'avance une ample provision de poireaux et de salsifis pour les mettre à
l'abri dans un cellier de l'habitation.

Insectes Nuisibles et Utiles

Les premiers doivent disparaître et nous devons employer toute notre énergie pour aider à la destruction de ces ravageurs de nos jardins. Les seconds, trop peu nombreux, sont pour nous de puissants auxiliaires, les bons services qu'ils nous rendent sont méconnus d'une façon générale ; aussi, sont-ils souvent traités comme des ennemis, tandis que nous devrions les respecter et les protéger pour favoriser leur multiplication. A ces insectes dont nous parlerons dans cette étude, peuvent être joints les oiseaux en majeure partie, quelques petits mammifères (hérissons), et même des reptiles (crapauds et salamandres).

En général, les insectes se nourrissent de végétaux et de débris animaux ; mais la plupart se nourrissent de toutes les parties des plantes (racines, tiges, feuilles, fleurs, fruits et graines) ; d'autres sucent le sang des animaux ou consomment des matières animales en décomposition.

Règle générale, les insectes sont plus nuisibles à l'état de larves qu'à l'état parfait. La durée de leur existence est variable, mais d'ordinaire très courte ; le mâle meurt après l'accouplement, la femelle après la ponte.

NUISIBLES

Taupins ou Maréchaux. — Insectes sauteurs. A l'état d'insectes parfaits, les taupins sont presque innocents, mais à l'état de larves, ils sont pour nos jardins de redoutables ennemis. Dans les potagers, ils attaquent les racines des jeunes plantes.

La destruction en est difficile, le sulfure de carbone, employé comme pour le ver blanc, a été très conseillé.

Les carabiques leur font une chasse assidue. Un procédé très pratique et peu coûteux, consiste à placer sur le sol quelques feuilles de laitues en petits tas, les larves s'y rendent la nuit et le matin on peut les recueillir et les détruire.

Bruches. — Insectes s'attaquant aux graines des plantes de la famille des Légumineuses ; nous avons la Bruche du Pois, du Haricot, de la Lentille et de la Fève. On appelle les graines attaquées Pois véreux. Ces graines ne perdent pas toujours leurs qualités germinatives tant que l'embryon n'est pas touché.

Remède : Éviter de semer des graines garnies de bruches.

Crioscéres du Lys, de l'Asperge et de l'Oignon. — Les Crioscéres du Lys sont très nombreux dans les jardins, ils mangent les feuilles et les fleurs. La chasse en est cependant facile, le jour, l'insecte se trouve sur les parties de la plante, entre les feuilles principalement. Ceux de l'asperge et de l'oignon sont très nuisibles dans les cultures, car ils dévorent les jeunes plantations.

La chasse se fait en secouant les tiges et les feuilles sur lesquelles ils se placent.

Altises ou Tiquets. — Insectes trop répandus dans les jardins où ils causent de grands ravages, en dévorant une grande partie des feuilles et des

fleurs des plantes de la famille des Crucifères. Il
n'est pas rare de voir disparaître par temps de
sécheresse, les semis de choux, de radis et de
navets.

Remèdes : La fleur de souffre répandue le soir,
des cendres de bois ; mais le meilleur procédé est
encore d'accélérer la végétation des jeunes plantes
par de fréquents arrosages à la pomme fine.

Les semis seront avantageusement abrités avec
de la toile d'emballage ou des claies à ombrer. Les
Altises craignant l'ombre et l'humidité seront ainsi
éliminées.

Forficules, Perce-oreilles. — Très nuisibles
dans les jardins en ce sens, qu'à l'état parfait, ils
mangent les boutons à fleurs de bien des plantes,
ils préfèrent les œillets, les dahlias, ils attaquent
aussi les fruits (poires et raisins.)

Remède : Placer autour des plantes attaquées de
petits tuteurs enfoncés en terre ; à l'extrémité,
poser un pot garni à l'intérieur de mousse ou de
foin sec, la nuit ils viendront s'y réfugier, le matin
la chasse est fructueuse. On les noie dans un
seau d'eau chaude.

Courtilières ou Taupes-Grillons. — Un de nos
plus redoutables ennemis en horticulture. Elles
causent des ravages considérables dans les
cultures maraîchères, elles coupent les racines des
plantes, elles vivent de larves d'insectes et elles
se mangent même entre elles.

Remèdes : Les chiffons fortement imbibés de
pétrole et enterrés aux labours d'hiver ont donné
de bons résultats.

Lorsqu'on découvre un trou des galeries qu'elles
creusent dans le sol, on y met de suite de l'eau de
savon et quelques secondes après, l'insecte
remonte, sort de terre pour être pris par son
destructeur. L'eau huilée est aussi très bonne pour
ce genre de chasse. Mais, le meilleur procédé est

de placer au printemps, dans les cultures infestées, des petits tas de fumier chaud et sec, ces tas seront pour elles des refuges qu'elles recherchent pour s'y accoupler. Là elles sont faciles à capturer.

Pucerons. — Nous connaissons malheureusement trop ces insectes si nombreux dans nos jardins, pour en faire une description complète. Chaque genre de plante a pour ainsi dire son genre de puceron.

Les remèdes, très discutés depuis quelques années, sont tous bons. Les seringages et les pulvérisations à l'eau de savon noir, au jus de tabac, au Lysol et à une foule d'autres insecticides vendus dans le commerce, ont bien donné de bons résultats ; mais le grand défaut de tous est de ne pas renouveler plus souvent ces vaporisations et ces pulvérisations. Beaucoup d'amateurs ne les pratiquent qu'une seule fois ; il faut, pour enrayer la multiplication rapide de ces bestioles, recommencer l'opération jusqu'à l'extinction complète de la race.

Heureusement, nous avons pour nous aider d'autres insectes et des oiseaux qui en font une très grande consommation et qui sont nos meilleurs auxiliaires dans cette destruction.

Un puceron très répandu dans la région de la Somme, est le *Puceron lanigère*, tous les procédés employés jusqu'à ce jour n'ont donné que peu de satisfaction, mais il ne faut pas négliger que la persévérance est ici le meilleur remède, chasser sans cesse, écraser ces insectes durant tout l'été et laver ensuite à la nicotine toutes les parties attaquées.

Un amateur très sérieux, cultivant en grand des pommiers plein-vent pour la fabrication du cidre et des variétés de table, me faisait voir dernièrement une superbe plantation âgée de huit ans, placée en terrain humide, complètement indemne de ce puceron — chose rare. — Il avait eu il y a trois ans, quelques cas d'apparition de ce puceron, et voici le remède qu'il dit avoir employé. En été, il badigeonna et lava les parties atteintes avec de l'urine des vaches de son étable et depuis il n'emploie pas d'autre insecticide. En hiver, il gratta avec un couteau bien tranchant toutes les nodosités produites par cet insecte. Un lavage au même purin et recouvrir ensuite ces plaies de mastic à greffer Lhomme-Lefort. Cet amateur n'emploie rien autre et je conseille aux nombreux cultivateurs et jardiniers d'employer — je dirai mieux, d'essayer — ce procédé, lequel, s'il ne donne pas satisfaction, aura toujours eu l'avantage d'être peu onéreux.

Fourmis. — Les fourmis sont nuisibles dans les jardins en ce sens, qu'elles creusent au pied des arbres et des plantes des galeries qui dessèchent les racines et font périr les sujets cultivés. Elles estiment aussi les fruits qu'elles dévorent, principalement les poires et le raisin.

Remède : Disposer de place en place des pots dont les parois intérieurs sont garnis de vieux miel ou de mélasse. Attirées par ces appâts sucrés, elles y viendront en masse. Tremper le pot dans l'eau chaude et recommencer l'opération.

La glu ou le goudron sont aussi employés efficacement autour des troncs d'arbres pour les empêcher d'y monter.

Les fioles remplies à moité d'eau sucrée ou miellée, suspendues aux arbres ou aux treillages, sont aussi des bonnes attrapes, peu ouvrageuses et peu onéreuses. Les fourmis s'y noient facilement.

Noctuelles, *Vers gris des jardins.* — **Noctuelles des moissons.** — La plus nuisible des noctuelles, causant de très grands ravages dans les cultures maraîchères.

Lorsqu'un ouvrier s'aperçoit que des plantes

fanent, il faut immédiatement qu'il cherche au pied, à quelques centimètres de profondeur, pour découvrir la larve, dite *ver gris* et la tuer. Dans les binages et les labours, on en rencontre souvent et c'est là le seul procédé de destruction bien pratique pour les jardins.

Les musaraignes et les hérissons nous sont heureusement les meilleurs amis à protéger, car ils en font une très grande consommation.

Le ver blanc ou larve du hanneton est très nuisible et le procédé le plus efficace de destruction sera toujours la chasse aux hannetons dès leur apparition.

UTILES

Lithobies ou Scolopendres, *Bêtes à mille pattes.* — Insectes très utiles, qui se nourrissent exclusivement de cloportes, de limaces, de larves et de chenilles. Elles ne sortent que la nuit, le jour elles se cachent sous les feuilles.

Il est une race de scolopendre dite à 144 pattes, qui peut provoquer chez l'homme des accidents très graves en s'introduisant par les narines dans les sinus frontaux et qui produit des douleurs très fortes.

Le docteur Boisduval, dans son *Essai d'entomologie,* — année 1867, pages 62-63, — cite deux cas de ces accidents. Il est, dit-il, très imprudent de dormir sur une pelouse ou dans un bois, lieux très fréquentés par ces scolopendres.

Carabe doré et autres espèces. — Tous les carabes sont utiles, particulièrement ceux désignés vulgairement *Jardinières, Couturières ;* très carnassiers, ils ne vivent que de limaces, de larves, de chenilles et d'autres petits insectes. On ne saurait trop les protéger.

Staphylin odorant. — De même que les carabes,

ces coléoptères sont très carnassiers et vivent des mêmes éléments.

Les **Coccinelles** sont de petits coléoptères inoffensifs et très utiles à l'horticulture car elles ne se nourrissent que de pucerons. Ces insectes sont connus sous le nom de *Bêtes à Bon Dieu*.

Les **Silphes dits Boucliers** sont de moyens coléoptères qui vivent de viandes corrompues et de chenilles.

Les **Libellules** sont très utiles par la grande destruction des pucerons qu'elles dévorent journellement.

Les Fleurs pour le Jardin Ouvrier

Ainsi que je l'ai écrit à la page 77, *Distribution générale du jardin*, les fleurs — en petit nombre, il est vrai, — pourront faire partie de la culture ouvrière. Ces végétaux donneront un aspect moins monotone aux jardins et permettront aux cultivateurs ouvriers de confectionner pendant la belle saison quelques bouquets pour décorer de temps en temps l'habitation, et, si malheureusement le deuil vient frapper dans la famille, les quelques fleurs pourront servir à garnir la dernière demeure de celui ou celle qui n'est plus.

Parmi les fleurs simples mais pratiques, il en est toute une série qui pourra être réservée. Les plantes vivaces ne sont pas à conseiller, elles exigent beaucoup de place, sont généralement exigeantes d'engrais et deviennent rapidement envahissantes.

Les plantes annuelles et bisannuelles devront être les préférées :

Les pensées, les myosotis, les giroflées de toutes sortes, donneront une abondante floraison au printemps.

Pour leur succéder en été, nous aurons recours aux plantes annuelles, semées en place ou en pépinière et repiquées. Les Reines-Marguerite, les

Chrysanthèmes, les Résédas, les Œillets de Chine, les Balsamines, les Pavots, les Immortelles, les **Phlox**, les Soucis, les Zinnias, les Nigelles, les Juliennes, les Dahlias.

Outre ces espèces, on pourra planter en été les quelques géraniums conservés l'hiver dans la maison d'habitation.

A l'entrée du jardin ou au fond, une petite gloriette ou un berceau, pourra être confectionné à l'aide de quelques solides branches de bois et dont la carcasse sera garnie de haricots d'Espagne aux jolis fleurs rouge et blanc, de capucine grimpante et de volubilis. Par les journées chaudes et ensoleillées, l'ouvrier pourra avec sa famille y prendre ses repas du dimanche et s'y reposer à l'abri des ardeurs du soleil auquel il n'est pas habitué.

Voilà donc traité en peu de lignes, les meilleures plantes, légumes et fleurs qu'on doit rencontrer dans le jardin ouvrier. Pour ne pas perdre de vue les travaux à exécuter chaque mois, je prie le lecteur de se reporter au calendrier horticoln qui fait la finale de cette brochure.

EXTRAIT DU CALENDRIER

ÉPOQUES des SEMIS et des PLANTATIONS

POUR LES LÉGUMES ET POUR LES FLEURS

Par F. CAYEUX et L. LECLERC

Marchand-Grainiers

~~~~~~~~~~~~~~

NOTA. — Cette liste ne comprend que les meilleures variétés de Légumes et de Fleurs qui sont de culture facile, c'est-à-dire n'exigeant pas l'emploi des serres.

Les indications données pour les époques des Semis et des Plantations sont applicables au climat de Paris. Elles devront être avancées ou reculées selon que les régions de cultures considérées en sont plus ou moins éloignées.

Les époques de production et de floraison sont variables dans une même contrée suivant la situation, l'exposition, la nature du sol, le mode de culture, etc. Ce sont donc des « époques moyennes » que nous avons indiquées dans ce calendrier.

JANVIER

LÉGUMES

En pleine terre

	Production.
Ail *(bulbes à repiquer)*.	juin-mai
Echalotte *(bulbes)*..	août-sept.
Fève	
naine verte de Beck.	mai-juin
naine hât. à châssis.	mai-juin
de marais grosse ...	juin-juil.
Oignon de Mulhouse	juin-juil.
(bulbes à repiquer)	
Pois	
Caractacus	mai
Serpette d'Auvergne	juin

FÉVRIER

LÉGUMES

En pleine terre

Ail *(bulbes à repiquer)*.	juin-juil.
Carotte	
nantaise	juin-juil.
rouge courte hâtive	
de Hollande	mai-juin

	Production.
Cerfeuil	
commun..........	avril
frisé	avril
Chicorée	
sauvage ou amère, race Paris (Barbe de capucin)	mai-juin
sauvage améliorée..	mai-juin
à grosse racine de Bruxelles (Witloof ou endive)	mai-juin
Ciboule	
rouge ou commune.	juin prin.
blanche hâtive.....	juin prin.
Ciboulette (civette)	
(plants)	print
Echalote *bulbes*	juin-juil.
Fèves, toutes variétés	mai-juin
Oignon, toutes variétés.............	mai-juin
de Mulhouse *(bulb. pour replanter)* ..	juin-août
Panais rond hâtif..	juin-juil.
Persil commun	mai-juil.
frisé	mai-juil.
Poireau, toutes var.	été
Pois, Express très hât.	mai-juin
Caractacus tr. hâtif.	mai-juin

7.

Production

Pois *(suite)*

Serpette d'Auvergne	juin
ridé Stratagème....	juin
nain l'Orgueil du Marché........	juin

MARS

LEGUMES

En pleine terre

Ail *(bulbes à repiquer)*	juil.-août
Carotte rouge	
courte hât. de Holl.	juin
1 2 longue obtuse..	juillet
— nant. sans cœur.	juillet

Giroflée jaune double

longue de St-Valery	automne
et autres variétés...	automne
Cerfeuil	
commun.........	mai-juin
frisé	mai-juin
Chicorée sauv. var.	mai-oct.
Choux	
pomm. ou cabus hât	juin-août
— tardifs......	août-oct.
— rouges	août-oct.
de Milan hâtifs....	juin-août
— tardifs	août-hiv.
frisés non pommés..	sep.-mars

Production

Ciboule	
commune........	été-hiver
blanche hâtive.....	été-hiver
Ciboulette *(civette)*	
(plants)	print.
Echalotte	
(bulbes à repiquer)..	été-hiver
Fève, toutes variétés.	juin-juil.
Fraisier *(plants)* ..	août, an. s.
Laitues	
pommées de print.	mai-juil.
— d'été	juin-août
romaines	juin-août
à couper........	av.-juin
Navets	
1 2 longs hâtifs....	juin
ronds ou plats hâtifs	juin
Oignon	
(graines,) toutes var.	août-sep.
de Mulhouse *(bulbes)*	juil.-août
Oseille *éclats et grain.*	été-hiver
Panais, toutes var..	juil.-hiv.
Persil, toutes var...	été-hiver
Pissenlit	
amél. à cœur plein.	hiver
Poireau, toutes var.	août-prin
Poirée(Bette à carde)	
verte............	aut.-prin.
blonde	aut-print.
Pois à rames	
à grain rond, t. var.	juin-juil.
— ridé, t. var.	juin-juil.
Pois mangetout	
corne de bélier à fleurs blanches...	juin-juil.
géant à fleur violette	juin-juil.
Pommes de terre	
hâtives	juil-août
Radis ronds	av.-mai
1 2 longs........	av.-mai
Raves Radis longs, les variétés.......	mai
Salsifis	
blanc	hiver
— amélioré à grosse racine........	hiver
Scorsonère *(Salsifis noir)*	oct.-hiver

	Production		Floraison
Thym (*éclats*)		**Coquelicot**	
ordinaire	ann. suiv.	toutes espèces ou var.	juin-août
d'hiver ou d'Allem.	ann. suiv.	**Coréopsis**	
FLEURS		de Drummond	juin-sep.
En pleine terre		élégant	juin-sep.
	Floraison	**Eschscholtzia**	

Pavot d'Orient vivace hybride varié

Belle de jour....	juin-août	de Californie, divers	juin-sep,
Belle de nuit	juil-août	maritime..........	juin-sep.
Campanules		**Gilias** divers.......	juin-août
Miroir de Vénus...	juin-juil.	**Julienne**	
autr. var. annuelles.	juin-juil.	de Mahon, var	mai-juin

Floraison

	Floraison
Linaire	
pourpre	juin-juil.
du Maroc	juin-juil.
Malope	
à grande fleur rose.	juil.-sep.
— — blanche	juil.-sep.
Némophile, t. var.	juin-juil.
Nigelle, toutes var.	juin-juil.
Œillet	
de Chine, divers	juil.-oct.
Pavot, toutes var.	juin-juil.
Pieds-d'Alouette	
annuels divers	juin-sept.
vivaces	sept.-oct.
hybrides	sept.-oct.
Pois de senteur	
divers	juin-juil.
Reine-Marguerite	
les variétés	août-sep.
Scabieuse	
des jardins	août
Soucis divers	juin-sep.
Thlaspis annuels	juil.-août

AVRIL

LÉGUMES

En pleine terre

	Production
Artichaut	
(œilletons)	aut. et ann. suiv.
Asperges	
(graines)	3ᵉ ann., av.-juin
Betteraves	
à salade	août-oct.
Carotte, toutes var.	été-aut.
Céleris	
pleins à côte	oct.-hiver
Céleris-raves	oct.-hiver
Cerfeuil	
commun	mai-juin
frisé	mai-juin
Chicorées	
frisées	juil.-août
scaroles	juil.-août
sauvage ordinaire	été-hiver
— améliorée	été-hiver

	Production
Choux	
cabus tardifs	automne
rouges	automne
de Milan hâtifs	août-hiv.
— tardifs	août-hiv.
de Bruxelles	oct.-hiv.
Chou-Navet	
Rutabagas	aut.-hiv.
blanc et variétés	aut.-hiv.
Choux-Raves	
divers	août-oct.

Dalhia simple

	Production
Estragon (plants)	été
Fraisier (graines et plants)	ann. suiv.
Haricots	
hâtifs (fin du mois)	juin juil.
Laitues	
pommées d'été	juil.-sep.
romaines	juil.-sep.
Navet	
1/2 longs hâtifs	juin-juil.
ronds hâtifs	juin-juil.
Oignons divers	
(graines)	octobre
Oseille	
(éclats et graines)	aut.-hiv.
Panais, toutes var.	sep.print.
Persil, variétés	sep.-hiv.
Pissenlit, variétés	aut.-prin.
Poireau, variétés	aut.-prin.

	Production
Pois nains	juil.-août
— à rames	juil. août
Pomme de terre	
toutes les variétés	août-oct.
Rave (radis long)	mai-juin
Salsifis	
blanc	hiver
— à grosse racine	hiver
Scorsonère	
(salsifis noir)	hiver
Thyms	
(*Semis et éclats*)	ann. suiv.

FLEURS

En pleine terre

	Floraison
Balsamine, variétés	juil.-sep.
Belle de jour	juil.-août
Belle de nuit	juil.-oct.
Capucine	
toutes les variétés	juil.-oct.
Chrysanthème	
à carène, variétés	juil.-oct.
des jardins	juil.-oct.
Clarkias divers	juil.-août
Collinsias divers	juin-juil.
Coquelicot	
double, variétés	juil.-août
Coréopsis,	
toutes variétés	juil.-sep.
Eschscholtzia	
toutes les variétés	juil.-sep.
Gilias divers	juil.-août
Giroflées	
quarantaines div	juil.-sep.
jaune hâtive (parisienne)	nov.-juin
Haricot d'Espagne	juil.-août
Immortelle	
annuelle, variétés	juil.-oct.
Ipomées diverses	juil.-oct.
Mauve, toutes var.	juil.-août
Œillet de Chine	
Œillet-d'Inde	
toutes variétés	juil.-oct.
Pavots	
vivace à bractées	ann. suiv.
de Tournefort	ann. suiv.
hybrides	ann. suiv.

	Floraison
Phlox	
de Drummont, var.	juin-oct.
Pois de senteur,	
variétés	juil.-oct.
Reine-Marguerite diverses	juil.-sep.
Réséda	
odorant	août-sep.
divers	août-sep.
Volubilis	juil.-oct.
Zinnia, toutes var.	juil.-oct.

Phlox de Drummond

MAI

LÉGUMES

En pleine terre

	Production
Artichaut (œilletons)	aut. et ann. suiv.
Betterave	
à salade, toutes var.	oct.-hiver
Carotte, toutes var.	aut.-hiver
Céleris	
à côtes, divers	oct.-nov.
à couper	juil.-oct.
Céleris-Raves	
divers	oct. hiv.
Cerfeuil	
commun et frisé	été aut.

	Production		Production
Chicorées		**Choux** tardifs......	aut. prin.
frisées...........:...	été hiver	frisés verts non pom-	
scaroles	été hiver	més............	aut. prin.
sauvage, variétés...	août-sep.	de Bruxelles	oct. hiver

Dalhia double à fleur de Cactus

Choux		**Choux-fleurs**	
pommés tardifs	oct. hiv.	tendres et demi durs	sept.-oct.
de Milan hâtifs	aut. prin.	durs ou tardifs	oct.-nov.

	Production
Chou-Navet blanc.	oct. hiver
Rutabagas	oct. hiver
Chou-Rave, var ..	sep. hiver
Ciboule commune..	été hiver
Ciboulette (civette)	
(*éclats*)...... été et ann. suiv.	
Concombres divers	sep.-oct.

	Production
Pissenlit, variétés .	hiv. prin.
Poireaux divers...	hiv. prin.
Pois	
mangetout ou sans	
parchemin	août-sep.
Pomme de terre	
variétés..........	sep.-oct.

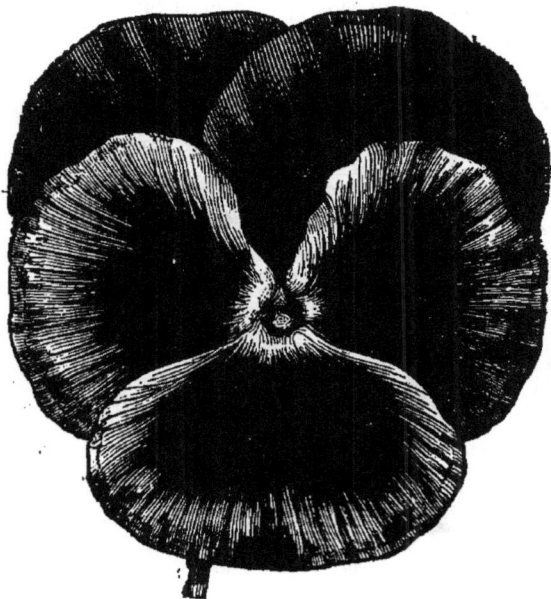

Pensée Trimardeau à très grande fleur

Cornichons divers.	sep.-oct.
Courges diverses...	octobre
Haricots	
(*pour filets*).......	juil.-août
(*pour écosser*)	juil.-août
(*pour récolter en sec*).	sept.
Laitues	
pommées d'été.....	juil.-sep.
— d'automne..	juil.-sep.
romaines	août-sep.
Navets	
1/2 longs-hâtifs. ...	juil.-août
ronds ou plats hâtifs	juil.-août
Persil, variétés.....	août-déc.

Potirons divers ...	sep.-oct.
Radis	
ronds	juil.-août
1/2 longs.........	juil.-août
d'été : jaunes......	juil.-août
— blancs......	juil.-août
Radis gris........	juil.-aout
noir long d'hiver...	hiver
aut. var. d'hiver...	hiver
Raves (radis longs).	juil.-aout
Salsifis	
blanc	hiv. prin.
— à grosse racine	hiv. prin.
Scorsonère	ann. suiv.

FLEURS

En place en pleine terre		Production
	Floraison	
Belle de jour	aout-sep.	
Belle de nuit	aout-oct.	
Capucine		
grande, var	aout-sep.	
naine, var	aout-sep.	
Cqrysantqème		
à carène, var......	aout-sep.	
des jardins, var....	aout-sep.	

		Production
Ipomées diverses ..	aout-sep.	
Julienne de Mahon.	aout-sep.	
Nigelle		
de Damas.........	aout-sep.	
d'Espagne	aout-sep.	
Œillet		
de Chine, var......	juil.-oct.	
Phlox		
de Drummond, var.	aout-sep.	
Pourpier		
à gr. fleur simple..	aout-sept.	

Zinnia élégant double

Clarkias divers	aout-sep.
Collinsias divers...	aout-sep.
Coquelourde	
Rose du Ciel......	aout-sep.
Coréopsis divers ..	aout-sep.
Giroflées	
quarant. diverses ..	aout-sep.
Gypsophile	
élégant rose.......	aout-oct.
— blanc......	aout-sep.
Haricot	
d'Espagne	aout-oct.
Immortelle	
annuelle, var......	aout-oct.

Reine-Marguerite	
diverses	aout-oct.
Résédas divers	aout-oct.
Soucis divers	aout-oct.
Balsamine, variétés	aout-oct.
Giroflées	
quarantaines diverses	aout-sep.
Œillet	
des fleuristes, var..	ann. suiv.
flamand, var	ann. suiv.
de fantaisie, var ...	ann. suiv.
Reine-Marguerite	
diverses	aout-sep..
Zinnia, variétés	aout-sept.

JUIN

·LEGUMES

En pleine terre

	Production
Betteraves à salade	nov. hiv.
Carottes	
rouges courtes div.	sept.-nov.
Cerfeuil	
commun	juil.-août
frisé	juil.-aout
Chicorées	
frisées	aout-sep.
scaroles	aout-sep.
sauvage (*pour la pro-*	
duction des racines	
destinées à faire la	
barbe de capucin)	hiver
Choux cabus	
hâtifs	sept.-oct.
de Vaugirard d'hiv.	déc.-mars
de Milan hâtifs....	nov.-déc.
— tardifs ...	hiver
— de Pontoise	nov. mars
— de Norwège	nov. mars
— autres	nov. mars
de Brux. ou Rosette	hiver
Chou-Rave (*hors*	
terre)............	sep.-nov.
Chou-Navet (*en*	
terre)	
variétés	mars-av.
Rutabaga	mars-av.
Choux-fleurs	
hâtifs	oct.-prin.
tardifs	oct.-prin.
Brocoli, variétés ...	print.
Ciboule	
commune	oct. prin.
Concombres	aout-aut.
Cornichons	aout-aut.
Epinard	
lent à monter	aout-sept.
Haricots	
(*pour cueillir en vert*)	aout-sep.
Laitues	
pommées d'été.....	aout-sep.
— d'automne.	aout-sep.
Romaines	aout-sep.
Navets divers......	aut. hiv.

	Production
Panais	
rond hâtif	oct. prin.
Persils divers	aut. hiv,
Pissenlits divers ..	aut. prin.
Poireaux divers ...	nov.-av.
Poirée (Bette à carde)	
blonde	oct.-prin.
verte............	oct. prin.
Pois	
nains (*pour grains*	
récoltés en vert)...	sep.-oct.
Radis	
ronds	juil.-aout
1/2 longs........	juil.-aout
d'été : jaunes......	juil.-aout
— blancs......	juil.-aout
— gris........	juil.-aout
d'hiver : noir long.	aout-nov.
autres variétés	aout-nov.
Raves (radis long)..	juil.-aout

FLEURS

	Floraison
Muflier, variétés ...	juin-oct.
Myosotis	
des Alpes, variétés .	av.-mai.
palustris (ne m'ou-	
bliez pas)	prin. aut.
Pâquerettes......	mars-mai
Giroflée	
Empereur	av.-mai
Cocardeau	av.-mai

JUILLET

LEGUMES

En pleine terre

	Production
Carottes	
rouges hâtives	sep.-nov.
Cerfeuil	
commun	aout-sep.
frisé	aout-sep.
Chicorées	
frisées tardives :	
de Meaux.......,	oct. hiv.
de Ruffec	oct. hiv.
Scaroles	oct. hiv.

8

Choux	Production	Navet, toutes variétés	Production ann. suiv.
de Bruxelles.......	hiver	Oignons	
verts non pommés..	hiv. prin.	blancs hâtifs *(fin du*	
fraise de veau	hiver	*mois*)...........	mai juin
Brocoli de la Halle.	hiver	Persils divers......	print.
Chou-fleur		Radis	
Brocoli blanc hâtif.	mars-av.	ronds	aout sep.
— violet	mars-av.	1/2 longs.........	aout sep.

Reine-Marguerite pyramidale

Epinards		Radis	
(*montent rapidement*).	aout-sep.	d'été : blancs......	aout sep.
Haricots		— gris........	aout sep.
nains (*pour filets*)..	sep.-oct.	— jaunes	aout sep.
Laitues		noir long d'hiver ..	hiver
pommées d'automne	sep. oct.	aut. var. d'hiver..	hiver
Romaines	sep. oct.	**Raves** (Radis longs).	
Mâches diverses....	sep. nov.	diverses ,........	aout sep.

FLEURS

En place en pleine terre

La plupart des plantes bisannuelles indiquées à semer dans le mois de juin peuvent encore l'être en juillet ; consulter à ce sujet la liste du mois précédent.

On sème pour hiverner sous châssis et pour fleurir en serre tempérée.

AOUT

LEGUMES

En pleine terre

	Production
Carottes hâtives :	
rouge courte à châs.	hiv. prin.
— grelot	hiv. prin.
— Bellot	hiv. prin.
Cerfeuil	
commun	sep. nov.
frisé	sep. nov.
tubéreux	juillet
Chicorée	
frisée de Meaux	nov. hiv.
— de Ruffec	nov. hiv.
scarole ronde verte	nov. hiv.
sauvage ordinaire	print.
— améliorée	print.
Choux	
cabus hâtifs :	
d'York Express	av. mai
— très hâtifs	
d'Etampes	av. mai
Choux-fleurs	
hâtifs ou tendres	av. mai
demi durs	mai juin
Epinard, toutes var.	aut. hiv.
Haricot	
flageolet d'Etampes.	octobre
nain blanc mangetout	
extra-hâtif	octobre
Laitues	
pommées d'hiver	aut. hiv.
Romaine verte d'hiv.	aut. hiv.
Mâche, toutes var.	aut. hiv.
Navet, toutes var.	oct. nov.
Oignons	
blancs hâtifs	mai aout
tardifs	aout sep.

	Production
Persil	
commun	hiv. prin.
frisé	hiv. prin.
Radis	
ronds	sept. oct.
demi longs	sept. oct.
noir long d'hiver	hiv. prin.
violet d'hiver de Gournay	hiv. prin.
Raves (Radis longs)	
diverses	sep. oct.

FLEURS

En pleine terre

On peut encore semer en ce moment les plantes bisannuelles à floraison rapide et quelques plantes annuelles dont on voudra avancer la floraison pour l'année suivante.

	Floraison
Myosotis, toutes var.	av. juin
Œillet	
de poète, var.	juin juil.
Pâquerettes div.	mars oct.
Pensée, toutes var.	av. juin
Silène	
pendula, var.	mai juin
à bouquet blanc	juin juil.
— rouge	juin juil.
Valériane des jardins, var.	juin sep.

SEPTEMBRE

LEGUMES

En pleine terre

	Production
Carottes	
rouges courtes hât.	print.
Cerfeuil	
commun	hiv. prin.
frisé	hiv. prin.
Choux	
cabus hâtifs	av. juil.
— tardifs	av. juil.
Chou-fleur, t. var.	mai juil.
Epinard, toutes var.	nov. prin.

Laitues

	Production
pommées divers....	av. mai.
crêpe (*sous châssis*)..	déc. fév.
gotte *sous cloche ou châssis à froid*)..	fév. mars
romaines d'hiver ...	av. mai

Mâche, toutes var. ... hiv. prin.

Navets

ronds ou plats, hât.	nov. déc.

Oignons

blancs très hâtifs...	av. juin
— hâtifs divers.	mai aout

Persil, toutes var... print.

OCTOBRE

LEGUMES

En pleine terre

	Production
Ail (*bulbes*)	mai juin
Cerfeuil	
commun......... .	hiv. prin.
frisé	hiv. prin.
tubéreux (*graines stratifiées*)	juillet
Echalote (*bulbes*) ..	juin juil.
Epinard, toutes var.	hiv. prin.
Fraisier (*plants*) ...	mai juin
Laitues (*sous cloche ou châssis à froid*)	
crêpe	hiv. fév.

Laitues (*suite*)

	Production
Gotte, graine noire.	hiv. fév.
romaines :	
verte maraîchère.	av. mai.
grise maraîchère.	av. mai.

Mâche

verte d'Etampes .	hiver

Oseille

(*semis et éclats*)	av. mai.

Persil, variétés .... mars juin

Radis ronds .... avril

1/2 longs......... avril

NOVEMBRE

LEGUMES

En pleine terre

	Production
Echalote (*bulbes*)...	juin juil.
Fèves	
(*à bonne exposition*).	juin juil.
Pois	
Michaux de Hollande (*endroits abrités*) .	av. mai.

DÉCEMBRE

En ce mois de Décembre on ne peut confier au sol que les Pois, les Fèves, l'Echalote et l'ail en terrains chauds.

ANNEXE

Usage et Emploi des Légumes décrits dans ce Traité

Règle générale, les légumes secs, seront toujours placés dans l'eau froide pour leur cuisson.

Les légumes verts tels : les haricots, pois (verts), épinards, choux, laitues, devront-être jetés dans l'eau bouillante.

Une petite quantité de sel devra toujours y être ajoutée pour la cuisson ; cette quantité variera selon les quantités à employer. L'ail, l'échalotte, l'oignon, le persil, le cerfeuil, l'estragon, serviront à l'assaisonnement des légumes employés en potages, en ragouts ou en salades.

Betteraves

Les racines pourront-être cuites à l'eau bouillante, au bain-marie ou au four et serviront en saison d'hiver à agrémenter les salades de mâches, de céleris, de scaroles ou de barbes de capucin.

Pour cela, on les coupera par tranches très minces.

Carottes

Les Racines serviront d'abord pour le pot-au-feu et les soupes maigres.

On en fait aussi usage pour les ragoûts, mêlées aux pommes de terre.

8.

Au printemps, lorsqu'elles sont très tendres, on pourra en faire d'excellents plats.

Cuites à l'eau et sautées au beurre ou à la graisse.

Elles sont aussi très bonnes à la sauce blanche ou à la crème, en y ajoutant un filet de vinaigre et du persil haché très finement.

L'hiver, on peut aussi procéder de même façon, mais elles sont plus fermes et par conséquent plus longues à cuire. Après la cuisson, les couper en rondelles et les faire sauter à la poêle.

Artichaut

L'artichaut donne une tige à l'extrémité de laquelle se trouve le réceptacle désigné sous le nom d'artichaut, et dont la base des écailles et le fond peuvent se consommer cuits ou crûs.

Faire cuire à l'eau bouillante, saler. On pourra se rendre compte qu'il est suffisamment cuit lorsqu'on peut en détacher facilement les écailles.

Il se mange soit à l'huile et au vinaigre, soit à la sauce blanche ou au beurre fondu.

Sauce blanche

Mettre un morceau de beurre frais dans une casserole placée sur le feu, y ajouter une cuillerée de farine, ou plus selon la quantité de sauce à faire, remuer vivement jusqu'à ce que la farine et le beurre soit intimement liés, sans laisser roussir, ajoutez l'eau lentement, jusqu'à ce que la sauce devienne suffisamment liquide, ajouter sel, poivre et servir.

Cette sauce sera plus fine en y mêlant un jaune d'œuf battu avec un filet de vinaigre.

Céleri à côtes

Choisir des tiges bien pleines, les éplucher en retirant tous les fils extérieurs, bien laver et faire cuire à l'eau bouillante et salée.

Durée approximative de la cuisson, environ une heure.

Egouter et faire sauter à la poêle avec du beurre, ou à la sauce blanche, ou avec un roux fait de bouillon de bœuf.

Ce produit se mange en salade, il sert aussi à aromatiser les potages.

Le Céleri-Rave s'accomode aussi avec les mêmes procédés ; de plus, il présente l'avantage de pouvoir en faire de bonne purée comme la pomme de terre.

Chicorées frisées et scaroles

Se consomment beaucoup en salade à l'automne et en hiver.

Blanchies, elles font un produit excellent à consommer cuit.

Eplucher, enlever les feuilles trop vertes, laver et placer dans une casserole avec beurre, sel et poivre. C'est ce qu'on appelle cuite dans son jus. Si elles ne rendaient pas suffisamment d'eau, en ajouter quelque peu pour empêcher de s'attacher au fond de la casserole.

Ainsi préparées, ces deux plantes donnent un plat exquis.

Elles sont aussi délicieuses en les faisant cuire avec du ragoût de mouton.

Celles qui ne seront pas blanches pourront être cuites à l'eau salée, comme les épinards, et préparées de la même façon, c'est-à-dire, éplucher, laver, les faire cuire à l'eau bouillante, cuites, les bien égouter, les hacher. Placer dans une casserole un morceau de beurre manié de farine, ajouter les chicorées en remuant le tout avec la cuiller en bois, mettre sel, poivre et servir.

Elles sont aussi très bonnes cuites à l'eau et assaisonnées de jus de roti de bœuf, de veau ou de porc en y ajoutant un peu de bouillon.

Choux

Après la pomme de terre, le chou est l'aliment le plus indispensable aux classes laborieuses, on le prépare de différentes façons.

Il sert à confectionner les soupes grasses et maigres.

Comme légume isolé, le chou devra être cuit à l'eau bouillante et salée ; égouter et assaisonner soit au beurre ou à la graisse de porc frais. On le mange aussi avec du lard salé et mêlé de pommes de terre.

On peut aussi, après une légère cuisson à l'eau, le faire cuire dans une casserole avec des saucisses ou de la chair à saucisse, en y ajoutant : carottes coupées en morceaux, oignons, une gousse d'ail, thym, laurier et persil. Ceci forme un excellent plat très avantageux.

Choux de Bruxelles

En hiver, il donne une quantité de petites pommes placées sur le pourtour de la tige, lesquelles cuites à l'eau bouillante salée, peuvent se faire sauter dans la poêle avec du beurre ou de la graisse de porc. Ajouter sel et poivre.

Au printemps, les petites pommes non cueillies montent à fleurs, à cette époque ces jeunes pousses très tendres peuvent être cuites à l'eau bouillante et consommées avec de la sauce blanche ou à la vinaigrette.

Cornichon

Ce fruit encore petit se fait confire au vinaigre, dans des bocaux en terre ou en verre; après la cueille, les frotter avec un linge et les laisser environ 10 à 12 heures dans le sel ; les placer ensuite dans le vinaigre avec quelques branches de thym, persil, laurier, ail et oignons. Si on dispose d'estragon cette préparation sera encore

meilleure ; l'emploi se fait en consommant le
bœuf du pot-au-feu, ou encore ces cornichons
peuvent servir à faire les sauces piquantes.

Epinard

Même procédé de cuisson que les chicorées
frisées et scaroles.

Excellent légume d'hiver et de printemps.

Haricots

Donnent des graines et des gousses bonnes à
consommer. Les usages en sont multiples. Toute
ménagère sait faire une soupe maigre avec les
graines de haricots ou un bon ragoût de mouton
ou de porc ou de saucisses.

Autrement au maigre avec du beurre ou encore
en salade avec huile, vinaigre, sel, poivre, échalotte et persil hachés finement.

Le Hareng saur en saison d'hiver pourra être
agrémenté avec haricots et pommes de terre
préparés en salade.

Laitues et Romaines

Deux produits bons à consommer en toutes
saisons.

Se mangent en salade ou cuites à la façon de la
chicorée.

Mâches

En saison d'hiver les mâches sont d'excellente
ressource pour faire de bonnes salades, mêlées
de pommes de terre ou de betteraves coupées en
morceaux.

Navets

Indispensables pour faire un bon pot-au-feu ou
les soupes maigres.

S'emploient aussi avec les pommes de terre

pour les ragoûts de mouton. En en mettant une
forte quantité dans une soupe maigre, on peut au
moment de servir en retirer un plat qu'on pourra
manger à l'huile et au vinaigre ou bien à la sauce
blanche.

Oseille

Les feuilles sont employées pour faire des
potages, ou bien cuites à l'eau à la façon des épinards, comme plat de légumes, mettre beurre,
farine et ajouter un œuf entier.

Pissenlit

Sert au printemps à faire de bonnes salades très
rafraichissantes.

Poireau

Indispensable pour le pot-au-feu et les soupes
maigres.

Il est l'asperge du pauvre. Cuit à l'eau bouillante
et salée, retirer après 20 à 30 minutes de cuisson,
consommer à la façon des asperges, soit à l'huile
et au vinaigre, soit à la sauce blanche ou plus
simplement au beurre.

Pommes de terre

Les usages infinis de ce roi des légumes sont
trop connus de toutes les ménagères pour qu'il
soit l'objet d'une description culinaire.

Pois

Les pois au printemps et en été, sont des
produits exquis. On les fait cuire soit au naturel,
soit avec des rôtis de viande et en ragouts. Ils
s'accomodent très bien avec le veau, le mouton et
le porc frais.

On en fait aussi d'excellents potages avec les
grains déjà durs.

Au naturel : mettre dans une casserole, beurre qui fondu recevra les pois auxquels on laisse prendre la couleur verte, on y ajoute une cuillerée de farine, remuer le tout, ajouter eau, sel et poivre. On peut encore y ajouter un cœur ou deux de laitues.

Radis

Les radis de printemps serviront comme hors-d'œuvre avec beurre ou viande froide.

Ceux d'hiver seront employés pour le même usage.

Salsifis

Légume trop peu répandu car il est à la fois agréable et nutritif. Il donne son produit dans une saison où les légumes deviennent rares et chers.

On le consomme soit à la sauce blanche, soit en ragoût avec du veau ou du mouton.

L'épluchage se fait en grattant la racine à l'aide d'un couteau, de façon à enlever la couche coloriée qui forme la partie extérieure.

Mettre dans la casserole, à l'eau bouillante, saler, laisser cuire environ une heure, faire égouter, prendre la casserole, mettre beurre, faire fondre avec farine, placer les salsifis et laisser cuire en ajoutant sel et poivre.

Pour en faire des ragoûts, on procèdera comme pour les pommes de terre.

TABLE DES MATIÈRES

CHAPITRE PREMIER

PAGES

Préface.
Nature du sol des jardins ouvriers d'Abbeville   1
Amendements. — Engrais   2
Labours   3
Binages. — Sarclages   5
Distribution du jardin ouvrier   7
Assolement   7
Tableau indicatif de l'assolement   8-9

CHAPITRE II

Semis, différents modes employés. — Terreautage. —
    Battage. — Arrosages   13
Repiquage. — Mise en pépinière   16
Mise en place ou plantation   17
Abris. — Côtière   18

CHAPITRE III

Cultures spéciales des Légumes à conseiller. — Variétés
    dans chacun des genres   19
Ail. — Echalotte   19
Artichaut   20
Betterave   21
Carotte   22
Céleri rave et Céleri à côte   24
Cerfeuil   26
Chicorées sauvages. — Scaroles. — Frisées   26
Choux   27
Cornichons   31

Courges. — Potirons. . . . . : . . . 31
Epinard 31
Fraisier 32
Haricots 33
Laitue et Romaine 36
Mache 38
Navet 38
Oignons 39
Oseille 41
Panais 41
Persil 42
Pissenlit 42
Poireau 43
Pois 45
Pommes de terre 49
Radis 53
Salsifis — Scorsonère. 54
Thym 55

CHAPITRE IV

Porte-Graines. 57
Tableau du rapport approximatif d'un jardin. 59
Conservation des Légumes en hiver. 61
Insectes nuisibles et utiles. 63
Les fleurs à réserver aux jardins ouvriers 71
Calendrier horticole pour les 4 saisons. 73

ANNEXE

Usages et emplois des Légumes décrits dans ce Traité. . 85

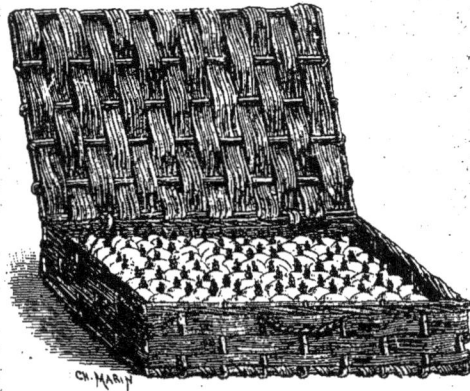

CH. MARIN